日本當代最強插畫 2017 ILLUSTRATION

150 位當代最強畫師
豪華作品集

感謝您購買旗標書,
記得到旗標網站
www.flag.com.tw
更多的加值內容等著您…

<請下載 QR Code App 來掃描>

1. FB 粉絲團：旗標知識講堂
2. 建議您訂閱「旗標電子報」：精選書摘、實用電腦知識搶鮮讀; 第一手新書資訊、優惠情報自動報到。
3. 「更正下載」專區：提供書籍的補充資料下載服務, 以及最新的勘誤資訊。
4. 「旗標購物網」專區：您不用出門就可選購旗標書!

買書也可以擁有售後服務, 您不用道聽塗說, 可以直接和我們連絡喔！

我們所提供的售後服務範圍僅限於書籍本身或內容表達不清楚的地方, 至於軟硬體的問題, 請直接連絡廠商。

● 如您對本書內容有不明瞭或建議改進之處,請連上旗標網站,點選首頁的 讀者服務 ,然後再按右側 讀者留言版 ,依格式留言, 我們得到您的資料後, 將由專家為您解答。註明書名(或書號)及頁次的讀者,我們將優先為您解答。

學生團體　訂購專線：(02)2396-3257 轉 362
　　　　　傳真專線：(02)2321-2545

經銷商　服務專線：(02)2396-3257 轉 331
　　　　將派專人拜訪
　　　　傳真專線：(02)2321-2545

國家圖書館出版品預行編目資料

日本當代最強插畫 2017：150 位當代最強畫師豪華作品集

平泉 康児 (監修 / 編) . / 蘇玨萍 譯 --

臺北市：旗標, 2017.06　面；　公分

ISBN 978-986-312-445-0 (平裝)

1.動漫 2.電腦繪圖 3.作品集

956.6　　　　106007527

作　　者／平泉 康児 (監修 / 編)
譯　　者／蘇玨萍
翻譯著作人／旗標科技股份有限公司
發 行 所／旗標科技股份有限公司
　　　　　台北市杭州南路一段 15-1 號 19 樓
電　　話／(02)2396-3257(代表號)
傳　　真／(02)2321-2545
劃撥帳號／1332727-9
帳　　戶／旗標科技股份有限公司
監　　督／楊中雄
執行企劃／蘇曉琪
執行編輯／蘇曉琪
美術編輯／陳慧如
封面插畫／キナコ
中文版封面設計／古鴻杰
校　　對／蘇曉琪

新台幣售價：620 元
西元 2022 年 4 月 初版 6 刷
行政院新聞局核准登記 - 局版台業字第 4512 號
ISBN　978-986-312-445-0

愛☆まどんな | AI☆MADONNA

— URL ai-madonna.jp
— Twitter aimadonna
— E-MAIL ai-madonna@live.jp

— TOOL Photoshop CC / Intuos 5

— PROFILE 1984 年生於東京，本名加藤愛。活躍於繪畫、插畫、Live Painting(街頭塗鴉創作）等領域。有製作個人作品的相關商品，也有與偶像或服裝品牌合作商品。畢業於東京都立藝術高中美術科，透過美學校(藝術教育機構)在 Mizuma Art Gallery 參展而出道。從 2007 年於東京秋葉原從事街頭塗鴉創作時，就開始使用「AI☆MADONNA」這個名號，一直沿用到現在。2012 年設立了「AI☆MADONNA PRODUCTION」品牌。

— COMMENT 我開始養兔子了。

1 「KOYUDO x ai☆madonna」限量聯名刷具組 / 2016 / 晃佑堂
2 「渋谷 PARCO 壁畫（Ly x ai☆madonna）WALL PAINT」/ 2016 / PARCO
3 「声のない世界（暫譯：無聲世界）」Personal Work / 2016
4 「くさっても！ロリコン！（暫譯：無論怎樣都是蘿莉控！）」Personal Work / 2016

くさっても!
ロリコン!!

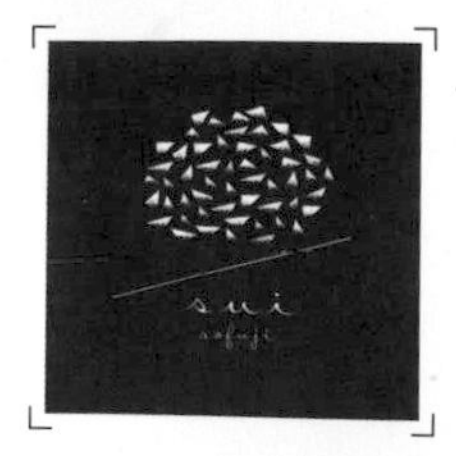

青藤スイ | AOFUJI sui

— URL ramuneblue.tumblr.com — Twitter melonsoda_blue

— E-MAIL sui_melonblue@yahoo.co.jp

— TOOL Photoshop CC / 水彩

— PROFILE 喜歡冷色系。從事書籍裝幀與 CD 封套的插畫與設計。

— COMMENT 我都是以虛幻、頹廢的世界觀為發想來繪製插畫。我注重冷淡、冷冽的表現，會讓主題與人物表情一個個成為畫面關鍵，讓觀眾在觀看時感受得到。說到我的繪畫特色，應該是大量使用冷色系的部分吧。此外，我也常常描繪哭泣時的人物。我很喜歡音樂，希望可以嘗試 CD 封套、宣傳手冊或傳單等相關的工作。

1 「光る虜（暫譯：閃亮的俘虜）」Personal Work / 2014
2 「夕暮れのクジラ（暫譯：黃昏的鯨魚）」Personal Work / 2016
3 「ミルキーブルーの境界（暫譯：銀河藍的邊界）/ Alex Morel（著），中村有以（譯）」裝幀插畫 / 2015 / 早川書房
4 「宇宙でひとりきり（暫譯：在宇宙中獨自一人）」Personal Work / 2016
5 「花に（暫譯：對著花）」Personal Work / 2015
6 「クチナシ（暫譯：梔子花）」Personal Work / 2016

1 2 | 5
3 4 | 6

あこ | ACO

— URL bns.xxxxxxxx.jp — Twitter mtmt_mgmg

— E-MAIL aco_ls17@yahoo.co.jp

— TOOL Photoshop CS3 / Illustrator CS3 / G筆（沾水筆）/ 墨水 / 壓克力顏料

— PROFILE 我描繪的主題是由女性角度來看的女性們。例如女孩獨自一人的時候、和誰在一起的時候、在做什麼的時候、在什麼心情下，是怎樣的表情等等。我覺得這種時候的她們相當美麗與可愛。因為隨時都在注意著她們，所以總會我手邊總是會準備著筆。

— COMMENT 以女性為主題的插畫，我會想要呈現出自然、性感、慵懶的氛圍。此外，我也想表現出墨水的渲染、線條的筆觸與顏料痕跡這類繪畫手感。我擅長的主題是女性、裸女，色彩則是以紅、黃、黑為主的沉穩氛圍。雖然細節沒有那麼精緻，但我儘量讓畫面顯得自然。今後的作品也將繼續以女性、裸體與性感為創作主題，並計畫擴大活動範疇，例如舉辦展覽等。有機會的話，我也想參與裝幀插畫、CD 封套、美容或時尚相關的工作。

1 「NO TITLE」Personal Work / 2016
2 「NO TITLE」Personal Work / 2016
3 「NO TITLE」Personal Work / 2016
4 「NO TITLE」Personal Work / 2016
5 「最低。（暫譯：差勁）/ 紗倉まな」裝幀插畫 / KADOKAWA / 2016

agoera

— URL agoera.org — Twitter agoera

— E-MAIL agoera@agoera.org

— TOOL 壓克力顏料

— PROFILE 1986 年生，來自靜岡，現居神奈川縣的插畫家。2009 年畢業於多摩美術大學平面設計學系。「MJ Illustrations」（由插畫家峰岸達主導的插畫學校）結業（第 10 期學生）。2011 年起以插畫家身分展開活動，目前活躍於企業廣告、雜誌插畫、書籍裝幀等領域。入選第 30 屆「THE CHOICE」年度獎（評審員投票第 3 名）。曾獲「HB GALLERY FILE COMPETITION 2015」鈴木成一獎。

— COMMENT 我的作品大多以日常生活的風景為主題，像是日常中隨處可見的普遍事物，或是看不到的空氣感與情感等等。由於我是用壓克力顏料創作，因此特別注重呈現顏料的質感，尤其是如何活用筆觸，我認為像隨手畫般粗獷的線條就是我的作品特色。我所使用的顏色大多是內斂的仿舊色系、深色等感到沉穩的配色。今後的展望則是希望不要自我侷限、嘗試更多元媒材的繪畫方式。

1
2 3 4

1 「IMAGE#01」Personal Work / 2016
2 「きわこのこと（暫譯：貴和子的故事）/ まさきとしか」裝幀插畫 / 2015 / 幻冬社
3 「刻む音（暫譯：刻劃的聲音）」Personal Work / 2016
4 「桜の花が散る前に（暫譯：在櫻花凋零之前）/ 伊岡　瞬」裝幀插畫 / 2016 / 講談社

浅野いにお | ASANO inio

— URL —

— Twitter asano_inio

— E-MAIL asanoiniooofficial@gmail.com

— TOOL Photoshop CC / Intuos 5 / G筆（沾水筆）/ 書法筆 / 代針筆

— PROFILE 1980 年生。漫畫家。1997 年在雜誌刊登作品而出道。過去的作品有《SOLANIN》、《おやすみプンプン（晚安，布布）》等。目前正在《Big Comic Spirits》週刊上連載《デッドデッドデーモンズデデデデデストラクション（暫譯：死死惡魔毀滅）》。

— COMMENT 我在畫小說的裝幀插畫時，通常基本上是有一個主題的，我理解作品內容後，會盡量讓人物的設計和讀者想像中的人物印象不要差太多。另外，我也很注重讓人留下第一印象的表情和情景的描繪。我覺得我的強項是從畫漫畫鍛鍊出來的書法筆技巧，如果可以因此將傳統手繪技法與數位插畫融合於作品中，應該是最理想的。我平常總是依照自己喜好來畫漫畫，對於插畫的工作，希望我所追求的事物能以最佳的形式回報就好了。

1 「anan NO.1956」封面插畫 / 2015 / MAGAZINE HOUSE
2 「あした地球がこなごなになっても（即使明天地球粉碎了）/ 電波組.inc」CD 封套 / 2015 / TOY'S FACTORY
3 「金星 / エレキコミック（譯註：漫才團體名稱）」傳單插畫 / 2016 / TBS 廣播、TWINKLE Corporation
4 「私は存在が空気（不存在我的空氣）/ 中田永一」裝幀插畫 / 2015 / 祥伝社

この建物は、

あさひろ | ASAHIRO

— URL asahiro.oiran.org — Twitter asahiroalgl

— E-MAIL asahiro.k@gmail.com

— TOOL Photoshop CS6 / Cintiq 13HD

— PROFILE 1992 年 11 月 9 日出生。畢業於插畫相關的專門學校，之後即以自由插畫家身分展開活動。除了卡片遊戲與 CD 封套的插畫外，也以個人身分參與同人繪本的製作。喜歡頹廢的東西與音樂。

— COMMENT 「沒有特別堅持什麼」，我對插畫的堅持大概是這樣吧。我創作插畫時都是仰賴一開始湧現的，回歸於音樂的靈感。我畫畫時都是跟著直覺、非理性地創作。關於今後的展望，我想要畫的是黑暗的、廣大的背景與概念藝術。在人物插畫的部分，目前大致上有感到滿足，想要更進一步加強的是背景的質感。

1 「967」Personal Work / 2016
2 「878」Personal Work / 2016
3 「786」Personal Work / 2015

あすぱら | ASPARA

— URL asprbanana.tumblr.com — Twitter kimitotoku

— E-MAIL asparaver3.0@gmail.com

— TOOL CLIP STUDIO PAINT PRO / Photoshop Elements 11 / Cintiq 13HD

— PROFILE 雖然我叫蘆筍(譯註：作者的筆名原意為「蘆筍」)，但不可食用，是會畫畫的蔬菜。我的腦中只有藍色和白色，喜歡的季節是夏天與冬天。是經常受到啟發、始終不斷求變的生物。附帶一提，我並不是因為喜歡蘆筍才取這個名字。

— COMMENT 某次我突然發現「啊！我的畫都是藍色啊！」，從此就開始喜歡藍色，並且特別喜歡畫藍色的東西。我常覺得畫中缺乏風吹的流動感而覺得不滿足，那大多是因為腦中的理想標準太高而無法完全表現出來的關係。我的畫常被別人說具有透明感(這是令我非常感激的評語)，但其實我都只是把想畫的東西畫出來而已。今後我希望不論是紅色還是綠色，都能一視同仁地喜愛它們。

1 2 | 3 4

1 「凍ったりんご(暫譯：冰凍蘋果)」Personal Work / 2016
2 「真夏の名前(暫譯：盛夏之名)」Personal Work / 2016
3 「あつくなってきた(暫譯：越來越熱)」Personal Work / 2016
4 「潮風(暫譯：海風)」Personal Work / 2016

apapico

— URL apapico.tumblr.com — Twitter apapico

— E-MAIL monochrome_japanese_@hotmail.co.jp

— TOOL Photoshop CC / Illustrator CC / Intuos 3 / Procreate / iPad Air / 鉛筆 / 原子筆

— PROFILE 從學生時代起就一邊擔任藝術家助手與俱樂部活動 VJ，一邊學習插畫與設計。現在則身兼設計師與插畫家。

— COMMENT 對於「沒有看過的東西」、「日本歷史潮流」、「人與人的聯繫」，最近越來越能看出它們的價值，之後將以自己的親身體驗與感覺為基準來創作，希望自己的作品也能多少朝這個方向精進。

1 2
3 4

1 「GIRLS x MECHA JACKET」Personal Work / 2016
2 「Only 1 feat.Hatsune Miku / BIGHEAD」CD 封套 / 2016 / BIGHEAD / ©Crypton Future Media, INC. www.piapro.net piapro
3 「Skateboard Design」Personal Work / 2016
4 「初音未來『マジカルミライ2015（神奇的未來 2015）』」展覽插畫 / 2015 / ©Crypton Future Media, INC. www.piapro.net piapro

甘木歯四 | AMAKI shiyon

— URL pandorogmt.tumblr.com — Twitter amakishiyon

— E-MAIL jyajyujyo@gmail.com

— TOOL 自動鉛筆 / 圓筆（沾水筆）/ 壓克力顏料 / Photoshop CS3

— PROFILE 1991 年 11 月 6 日出生。插畫家。目前為自由接案者。在 COMITIA（獨立出版漫畫誌展售會）的活動與網站上販售運動衫、貼紙和馬口鐵胸章等商品。

— COMMENT 我的作品中非常講究女孩的臉部，希望能描繪出理想的臉。我的畫風特色應該是女孩的臉、表情、身體、髮型、服裝、女孩群體、機械與亂七八糟的房間等主題吧。我喜歡畫女孩子、人物與衣服，如果能增加這方面的工作那就太令人高興了。

1 | 4
2 3 | 5

1 「桃の園（暫譯：桃子園）」Personal Work / 2016

2 「密室」縷縷夢兔個展 muse iPhone case / 2016

3 「犬」Personal Work / 2016

4 「はざまのしま（暫譯：縫隙間之島）」相沢梨紗誕生紀念展主視覺插畫 / 2016

5 「双子天使（暫譯：雙胞胎天使）pink narcissus blue lolita」Personal Work / 2016

寿
天

雨宮うり | AMAMIYA uri

— URL www.uribooou.com — Twitter pris_pdlt
— E-MAIL amamiya.uri@gmail.com

— TOOL CLIP STUDIO PAINT PRO / SAI / Cintiq Companion 2

— PROFILE 目前為自由插畫家。擅長的領域是女性取向的作品。

— COMMENT 我總是花心思描繪出整體明亮、美麗、吸引目光的插畫。還有儘量在不破壞臉部表情的前提下，仔細描繪出當時、當下的情景。我的插畫特色…應該是人物比例與清爽、爽朗的部分吧。今後的展望是希望能獲得女性取向、男女戀愛主題的插畫與連續劇 CD 封套之類的工作。

1 2 | 5
3 4 |

1 「爽恋（暫譯：爽戀）」Personal Work / 2016
2 「青春カフェテリア（暫譯：青春自助餐廳）/ 雨宮うり」插畫 / 2016 / KADOKAWA
3 「気を付けて！（暫譯：注意！）」商品用插畫 / 2016 / VILLAGE VANGUARD
4 「春、キス（暫譯：春，親吻）」Personal Work / 2016
5 「君と恋、はじめます（暫譯：和你開始談戀愛）」同人誌封面 / 2016

eve

— URL fxxkeve.com

— E-MAIL fxxkeve@gmail.com

— Twitter —

— TOOL 鋼筆 / 麥克筆

— PROFILE 目前正在美術大學學習平面設計，以東京為活動據點。將思春期少女擁有的感情、人類的欺瞞與背信、愛與恨等表現在作品中，用各種各樣的要素刺激觀看者的內心。

— COMMENT 我創作時很重視如何取得觀者共鳴，以及表現出與現實同樣強烈的情感。我的插畫特色應該是利用各種形式，在作品內容中傳達各種訊息吧。未來我希望能更深刻地表現出感情的背景故事。

1 2
3 4 5

1 「Rosette addict.」Personal Work / 2016
2 「Girl's Dream.」Personal Work / 2015
3 「Girls Get Busy.」Personal Work / 2016
4 「NO TITLE」Personal Work / 2016
5 「NYLON JAPAN 2016 年 4 月號」雜誌插畫 / CAELUM / ©CAELUM

My
BURBERRY
Chloé
LOVE STORY
DAISY
MARC JACOBS
BLUSH
TOCCA
Isabel

石井嗣也 | ISHII tsuguya

— URL tsuguya.tumblr.com — Twitter tgy4i

— E-MAIL tsuguya444@gmail.com

— TOOL rOtring 製圖筆

— PROFILE 1989 年生於廣島縣，2014 年起到東京展開創作活動。繪圖時主要使用 rOtring 製圖筆。為插畫、音樂相關的藝術品提供插畫。

— COMMENT 我畫的大多是與現代不同年代的東西，因此經常要調查畫面中的擺飾與使用的主題等等。如果能將插畫背景的時代感傳達給看見的人，希望對方可以因此回憶起記憶中懷念的地方，我畫畫時經常是抱著這樣的想法。未來希望可以接觸到書籍裝幀插畫、雜誌插畫之類的工作。另外，我也對日式點心及伴手禮的包裝設計很有興趣。

1 | 3
2 | 4

1 「NO TITLE」Personal Work / 2015
2 「NO TITLE」Personal Work / 2016
3 「NO TITLE」Personal Work / 2015
4 「NO TITLE」Personal Work / 2015

小夜
七番街
Hegira
あきのくに
大野
北山
ノラ
さよ
スナック
ほうせんか
2F
雪路
Jiro
Bar
ジロー
KIRIN
キリンビール

井田千秋 | IDA chiaki

— URL totlot.web.fc2.com — Twitter dacchi_tt

— E-MAIL dacchitotlot@gmail.com

— TOOL 代針筆 / 水彩 / Photoshop CS6 / CLIP STUDIO PAINT PRO

— PROFILE 藝術家、插畫家。2015 年起以插畫家身分展開活動，以東京都為中心舉辦展覽。插畫主題以房間、生活雜貨、少女為主，活用代針筆精細的筆觸創作插畫。著有《わたしの塗り絵 BOOK 憧れのお店屋さん（夢想漫步：彩繪童話鎮商店街）》（中文版由良品文化出版）、《わたしの塗り絵 BOOK 憧れのお部屋（我的可愛趣味著色繪圖集：憧憬的房間）》（日本 VOGUE 社出版）。

— COMMENT 即使要畫的東西很多，我也會注意不要讓畫面顯得凌亂。此外，當我在畫喜愛的主題—房間的時候，也會注意表現出生活感的部分。我想要畫出讓人想住看看、造訪的空間，希望未來能試試看裝幀插畫與書籍插圖。如果有機會能畫出現在電影或是動畫作品中的房間，那就太令人高興了。

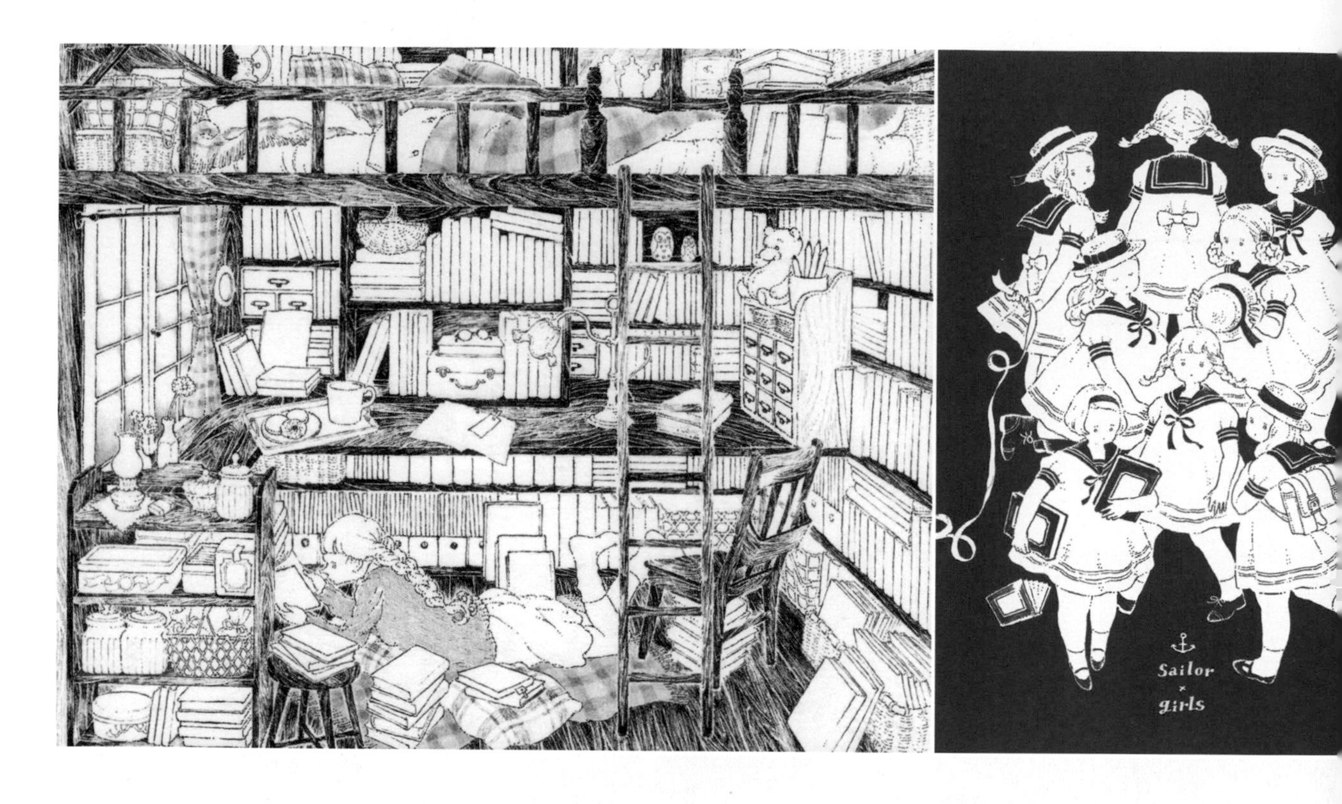

1 2
3 4

1 「お城 書斎（暫譯：書房城堡）」Personal Work / 2014
2 「sailor x girls」Personal Work / 2015
3 「あさ、ひる、ばん（暫譯：早、午、晚）」Personal Work / 2015
4 「ごめんください（暫譯：有人在嗎）」Personal Work / 2016

ICHASU

— URL　ichasu.xyz　— Twitter　I_C_H_A_S_U

— E-MAIL　ichasu@gmail.com

— TOOL　鉛筆 / 水性筆 / 色鉛筆 / 壓克力顏料 / Photoshop CS3 / Illustrator CS3

— PROFILE　東京都出身。2013 年畢業於東京藝術大學美術研究科，主修設計。曾在「Liquitex Art Prize 2013」視覺藝術展上獲得大獎。身兼藝術家與插畫家，擅長以滑順線條與鮮豔用色畫出輕鬆風格的角色，營造自由自在的 POP 世界。創作活動十分多元，有街頭塗鴉創作、CD 封套設計、T 恤設計、並在法國與義大利舉辦展覽等。

— COMMENT　我創作中最重視的是，以可愛又帥氣的風格描繪出這些迷人角色們快樂生活著的世界。不論彩色或黑白、數位或手繪，我會用各種不同方式直接表達出這個世界觀。此外，我也會特別注意讓觀眾感受到插畫中的故事。關於今後的展望，總之就是想嘗試各種不同的工作。我對運動鞋情有獨鍾，希望可以創作出繪有自己插畫的運動鞋。

1 「SW」活動展出用插畫 / 2015 / MUSIC ILLUSTRATION AWARDS 2015
2 「ラリラ星人 レロとルロの愉快なスタンプ（暫譯：RARIRA 星人 RERO 和 RURO 的有趣貼圖）」LINE 貼圖 / 2016 / Sony Digital Entertainment
3 「X-FOX」智慧型手機外殼 / 2015 / SECOND SKIN
4 「あいとへいわ（暫譯：愛與和平）」展覽會展出用插畫 / 2016 / あいとへいわ展（暫譯：愛與和平展覽）
5 「CARTOON」個展展出用插畫 / 2015 / ICHASU exhibition "CARTOON"

いつか | ITUKA

— URL www.itukai.tumblr.com — Twitter itukaki
— E-MAIL ki.pa.co0728@gmail.com
— TOOL SAI / CLIP STUDIO PAINT EX / Cintiq 13HD
— PROFILE 插畫家。活躍於裝幀插畫、書籍插圖、網路漫畫、LINE 貼圖製作等領域。
— COMMENT 雖然我是用數位方式創作，但我的目標是創作出像實際手繪般有溫暖觸感的插畫。我的繪畫特色，大概是那種好像曾經存在哪裡的樸素角色，還有柔和的配色吧。今後希望能不拘類型地挑戰各式各樣的工作。

1 2 | 4
3 | 5

1 「アヒルの花屋（暫譯：鴨子的花店）」Personal Work / 2016
2 「本が好きな男の子（暫譯：喜歡書的男孩）」Personal Work / 2015
3 「花柄ダウン（暫譯：小花圖案外套）」Personal Work / 2016
4 「気まぐれ食堂 神様がくれた休日（なつやすみ）（暫譯：心血來潮餐廳 神給予的假日）/ 有間カオル」裝幀插畫 / 2016 / 東京創元社
5 「春になったら（暫譯：當春天來臨）」Personal Work / 2016

気まぐれ食堂

今井キラ ｜ IMAI kira

— URL www.kiraimai.com — Twitter kiraimai
— E-MAIL imai@kira.main.jp

— TOOL Photoshop CS5 / Intuos 3

— PROFILE 出生於兵庫縣。作品常提供給時尚品牌「Angelic Pretty」與雜誌、小說裝幀等使用。作品集有《月行少女》、《少女之國》(Studio Parabolica)、《パニエ 今井キラ ロリータ作品集》(一迅社出版) 等。

— COMMENT 為了創作出僅用少量主題就能讓人印象深刻的作品，我很重視畫中的留白，持續創作著有蕾絲、荷葉邊等蘿莉塔少女風的插畫。運用淺色系描繪出砂糖糖果般的甜美少女與世界觀，大概就是我的插畫特色吧。今後想繼續重視我所擅長的古典風插畫，同時也希望也能將新元素融入自己的作品。

1 ｜ 2
　 ｜ 3

1 「ツキナミ (Tsukinami) / 分島花音」CD 特典用插畫 / 2015 / ultraCeep
2 「モイライ (暫譯：摩伊賴) (譯注：這是希臘神話中命運三女神的總稱)」Personal Work / 2016
3 「トゥワイライト (暫譯：暮光)」Personal Work / 2016

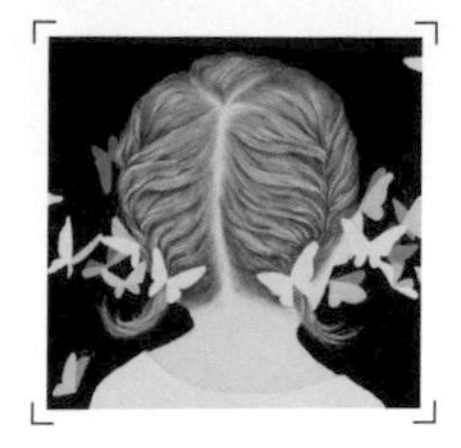

岩渕華林 | IWABUCHI karin

— URL www.iwabuchikarin.com — Twitter KARiN_iWABUCHi
— E-MAIL mail@iwabuchikarin.com
— TOOL 和紙 / 墨 / 壓克力顏料 / 天然礦物顏料 / 絹印

— PROFILE 1985 年出生於神奈川縣。2011 年於東京造形大學造形研究科美術研究領域完成學業。自 2009 年初次個展後，陸續於 Gallery Tsubaki、Der-Hoting Art Gallery 等日本國內外各地舉辦個展與聯展，也有從事裝幀插畫、書籍插圖等工作。

— COMMENT 我會選擇以花、蝴蝶、女性為繪畫主題，是想將稍縱即逝的瞬間之美留在畫中。我想畫出像是兼具生與死、強與弱等相反的面向，同時擁有純淨與汙濁的人的姿態。我的畫全是黑白畫，是在和紙上使用壓克力顏料、墨、天然礦物顏料來描繪。在圖案的部分，我有時候會混和版畫與各種技法來完成一幅畫。

1 2
3 | 4

1 「こころをうめるもの（暫譯：填滿心的東西）」Personal Work / 2016
2 「マリアージュ・マリアージュ（暫譯：婚姻・婚姻）/ 金原ひとみ」裝幀插畫 / 2015 / 新潮社
3 「black shoes」Personal Work / 2015
4 「あとかた（暫譯：蹤跡）/ 千早 茜」裝幀插畫 / 2016 / 新潮社

上倉エク | UEKURA eku

— URL eku.moo.jp/info — Twitter ekureea

— E-MAIL uekuraeku@yahoo.co.jp

— TOOL Photoshop CS6 / SAI / Cintiq 13HD

— PROFILE 插畫家、漫畫家。經常創作裝幀插畫與書籍插圖、CD 封套插畫等作品。希望有一天可以養隻貓或文鳥。

— COMMENT 我畫畫時特別注重「畫裡要感覺有風在流動」，尤其是表現出頭髮及衣服衣袖的躍動感，讓角色栩栩如生的造型。我愛好的畫風是在畫裡特別加入自己喜歡的東西，我喜歡讓小東西飛舞在主角周圍，所以衣服的設計風格也是很多變的。今後也將持續追求畫出自己認為「可愛」的作品。

1 2
3 4 5

1 「Heroinee-ヒロイニー（暫譯：女英雄們）/ まめこ」CD 封套 / 2016 / Sugar Bunny*
2 「お茶会アリス（暫譯：茶會的愛麗絲）」Personal Work / 2016
3 「Ponko 2 Girlish / t+pazlite」CD 封套 / 2016 / C.H.S
4 「小悪魔ちゃん（暫譯：小惡魔）」Personal Work / 2016
5 「Twin Alice」Personal Work / 2016

Drink ME
eat me

ウチボリシンペ | UCHIBORI simpe

— URL www.mob-c.com — Twitter U_simpe_Mob
— E-MAIL info@mob-c.com
— TOOL 自動鉛筆 / Photoshop CC / Illustrator CC / Intuos Pro

— PROFILE 生於長野縣。曾在東京都內的平面設計公司工作 6 年，2013 年起以「mob creche（モブクレイシ）」之名獨立接案。作品包含藝術指導在內，承接了從插畫到視覺設計的統合製作，也以自創角色「もぶ（MOBU）」的作者身分展開活動。2015 年開始製作動畫。

— COMMENT 我的作品中除了著色外都是純手繪的，因此我的目標是描繪出美麗的線條。我的插畫特色是以「不至於太誇張但變形的幅度不小」的背景，讓無明顯特徵的人物「もぶ（MOBU）」微妙地介入其中（我當然會看時間、地點、場合的！）。未來除了想繪製只有女孩的插圖之外，我也想畫出和現在完全相反的，完全沒有女孩而只有圖像的插畫。

1 2 | 4
3 | 5

1 「氷山錬成（暫譯：冰山鍊成）」Personal Work / 2016
2 「It's you can('t) love you most」Personal Work / 2016
3 「ジエイポップ（J-POP）/ コレサワ」CD 封套 / 2016 / RECO RECORDS
4 「大塚に もぶ きた（暫譯：もぶ來到了大塚）」個展用視覺設計 / 2016
5 「ROBO＿1」Personal Work / 2016

大塚
バッティング
センター
ゲームコーナー
大塚
バッティングセンター
ゆったり
パチンコ
ひょうたん島
北大塚
三ノ輪橋
ROBO
MORE
ROBO
28
ROBO
1
28

うとまる | UTOMARU

— URL dddddd.moo.jp

— Twitter utomaru

— E-MAIL utomaru.job@gmail.com

— TOOL Photoshop CC / Intuos 5

— PROFILE 插畫家 / 視覺設計，在東京都出生並居住。畫風受到日美流行文化影響，充滿飽和色彩的人物造型與色彩表現。作品涵蓋 CD 封套、MV、雜誌插畫、人物設計、漫畫製作、商品開發等廣泛領域。隸屬於創作團體《POPCONE》，最近的工作是為「DEVIL NO ID」、「ORESAMA」等藝術家設計視覺概念等等。

— COMMENT 我畫畫時非常重視線條的感覺，此外，與技術面無關，我會盡量空出時間試著前往未知的地區或國家、看看電影或書，不讓自己的內涵變空虛，才能隨時接受新的工作。我喜歡 50～80 年代的恐怖電影和科幻電影，如果能有相關的工作就太幸福了。

1 2 | 3 4

1 「YASHIBU＠シブカル祭（暫譯：渋谷女孩文化祭）」宣傳用插畫 / 2015 / 2.5D
2 「GHOSTBUSTERS (TM) SPECIAL BOOK」插圖 / 2016 / 寶島社
3 「POPCONE LIVE＠SHIBUYA WWW-X」(DEVIL NO ID) 展覽用插畫 / 2016 / vap
4 「POPCONE LIVE＠SHIBUYA WWW-X」(DEVIL NO ID) 展覽用插畫 / 2016 / vap

utomaru

utomaru

U35 | UMIKO

— URL u35umiko.tumblr.com — Twitter umiko35

— E-MAIL munemiu2525@yahoo.co.jp

— TOOL Photoshop CS4 / CLIP STUDIO PAINT PRO / SAI / Cintiq 13HD

— PROFILE 生於島根縣、現居神奈川縣的插畫家。擔任《進化の実（進化果實）》（中文版由東立出版）系列中《六年四組ズッコケ一家（暫譯：六年四班爆笑一家）》的插畫，以及《iMarine Project vol.2》的插畫。活躍於 CD 封套與角色設計等相關領域。

— COMMENT 為了創造出讓觀看的人印象深刻的世界，並讓他們感受到人物的溫度，就算只有一點點也好，我特別重視將這些呈現在一張畫裡面。在工作上，我重視將符合作品主題的呈現方式、表情、設計等融入在作品的世界中。此後也想持續挑戰各式各樣的事物。

1 「夏の日差し（暫譯：夏日陽光）」Personal Work / 2016
2 「隙（暫譯：間隙）」Personal Work / 2016
3 「Dragon Magazine 2016 年 7 月號」GJC47 刊登插畫 / 2016 / KADOKAWA
4 「スポーツ報知新聞 初音ミク特別号（SPORTS 報知新聞 初音未來特別號）」封面插畫 / 2016 / ©Crypton Future Media, INC. www.piapro.net piapro
5 「夏の日差し（暫譯：夏日陽光）」Personal Work / 2016

1 2
3 4 5

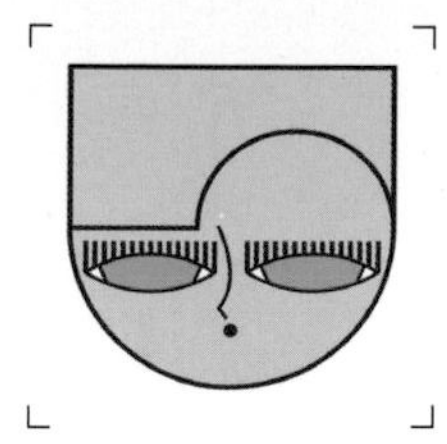

瓜生太郎 | URYU taro

- **URL** www.tarouryu.com
- **Twitter** tarouryu
- **E-MAIL** mail@tarouryu.com
- **TOOL** Illustrator CS5
- **PROFILE** 現居東京都。擅長描繪以時尚為主題的女性，插畫特色是如符號標誌般的圖形與簡潔的用色方式。主要的工作有銀座三越⊠窗設計與表參道 HILLS 的季節性視覺設計等等。
- **COMMENT** 我畫畫時努力的方向，是避免依賴主題的顏色、形狀、印象。此外也盡量不加入多餘的元素，並添加個人想要挑戰看看的要素。關於今後的展望，我希望可以試試看能將插畫可能性發揮至極限的工作，像是比照建築物尺寸的巨大廣告、光雕投影、動畫以及與攝影師共同創作等等。

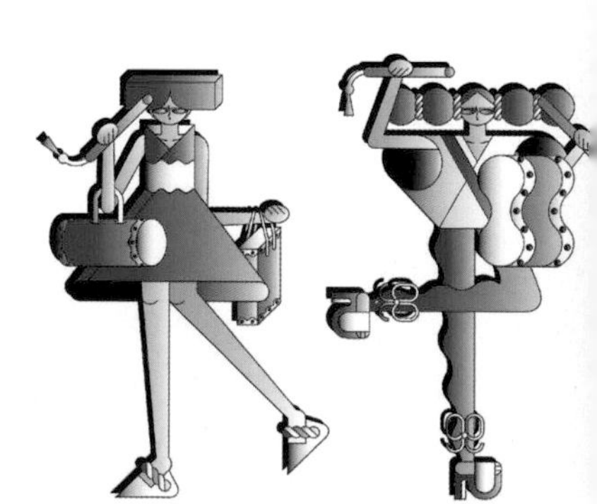

1 「CAT BROOCH」Personal Work / 2016
2 「花椿」(資生堂發行之品牌雜誌) 網站專欄用插畫 / 2016 / 資生堂
3 「銀座三越～朱の美（暫譯：銀座三越～朱紅之美）」櫥窗展示 / 2016 / 銀座三越
4 「花<団子<猫（暫譯：花<丸子<貓）」Personal Work / 2016

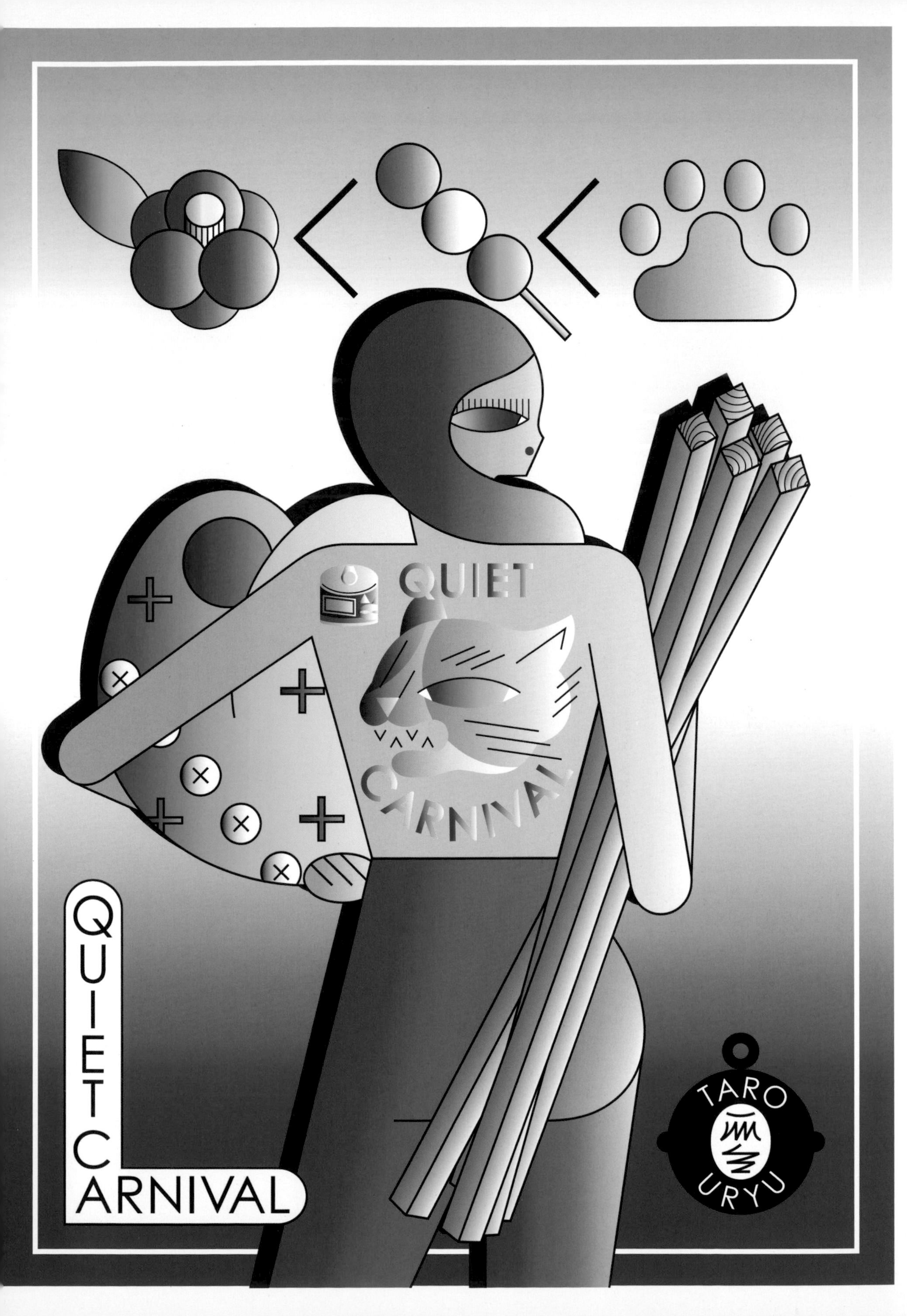
QUIET
CARNIVAL
QUIET CARNIVAL
TARO
URYU

江崎びす子 | EZAKI bisuko

— URL　ateliermu.wix.com/ateliermu　— Twitter　5623V

— E-MAIL　ezakibisuko@gmail.com

— TOOL　Photoshop CS6 / SAI / 自動鉛筆

— PROFILE　插畫家、漫畫家。1995 年 1 月 30 日出生。

— COMMENT　我的作品中會貫徹我的座右銘：「不只是可愛」。雖然可愛但病態、雖然可愛但恐怖、雖然可愛但噁心…等等，因為包含和「可愛」相對的元素，而讓作品更有震撼力，我個人相當喜歡這樣擁有兩面特質的事物。我開發了一個危險且敏感的角色「メンヘラチャン」，不但獲得許多支持，更令人驚訝的是得到來自各企業的合作邀請，沒想到日本能接受這樣的表現自由，令我深受感動。未來除了繼續擴大代表作「メンヘラチャン」的發展外，我也想再創作新的人物角色、增加與企業的合作機會。

1 2
3 4

1「NO TITLE」Personal Work / 2016 / atelierM.U & 江崎びす子
2「NO TITLE」Personal Work / 2016 / atelierM.U & 江崎びす子
3「NO TITLE」Personal Work / 2016 / atelierM.U & 江崎びす子
4「NO TITLE」Personal Work / 2016 / atelierM.U & 江崎びす子

メンタルヘルス
ホーム
とても危険な状態です
血が
おいしくなる
検索
アップロード
CUP NOODLE
omaza

emimino

— URL emimino.moo.jp — Twitter emimino

— E-MAIL emiminori@gmail.com

— TOOL Photoshop CC / 透明水彩 / 壓克力顏料

— PROFILE 曾在影片製作公司擔任 CG 設計師，目前以自由接案插畫家身分展開活動。擅長沈穩質感的插畫風格，主題涵蓋時尚插畫與動植物插畫。希望能獲得賀卡之類的工作機會。

— COMMENT 希望能用我自己的方式將「美」描繪出來。不論主題是什麼，即使是常見的石頭或是一片葉子，也希望可以畫出雋永品味。我擅長的主題應該是成熟的女性、沈穩的氛圍與動植物等等吧。今後想挑戰沒畫過的題材與主題，並持續研究如何畫出更帥氣的作品。

1 2 | 3 4

1 「職務礼装（暫譯：職場禮服）」Personal Work / 2015
2 「漆黒饗宴（暫譯：漆黑饗宴）」Personal Work / 2014
3 「瞳（暫譯：眼睛）」Personal Work / 2015
4 「黒紅の歌（暫譯：黑紅之歌）」Personal Work / 2014

Emimino

ERIMO

— **URL** www.erimo-works.com

— **Twitter** ERIMO_WKS

— **E-MAIL** emiminori@gmail.com

— **TOOL** Photoshop CS6 / SAI / Intuos 3

— **PROFILE**

身兼插畫家與育有一兒的媽媽兩種身分。工作以書籍與輕小說或卡片遊戲插畫為主，此外也開始製作插畫的延伸商品。喜歡含有大量裸露的插畫。偶像與可愛的東西是每天的精神食糧。

— **COMMENT**

為了傳達出女孩們可愛、惹人憐愛的樣子，我很注意描繪表情與視線的部分。另外，因為喜歡女性身體的線條，我總是在思考她們的姿態與構圖。當我面對自己的插畫作品，首先重視的是「女孩的可愛之處」。如果能充分表現出自己理想中女孩的髮型、時尚姿態與背景設定，那會是我最開心的時刻。關於今後的展望，因為我本來就喜歡書，希望能有書籍封面與插畫的工作機會，讓我用力傳達出自己的世界觀。

1 「お正月ちゃん（暫譯：正月妹妹）．PARTY」Personal Work / 2015

2 「FESTIVAL」「繪師 100 人 05」參展插畫 / 2015 / 產經新聞社・ERIMO

3 「お正月ちゃん・PARTY（暫譯：正月妹妹・PARTY）」Personal Work / 2015

4 「erimotic」同人誌封面 / 2015

遠田志帆 | ENTA shiho

— URL techicoo.com
— Twitter techicoo
— E-MAIL shiho@techicoo.com

— TOOL Photoshop CS4 / Intuos Pro

— PROFILE 秋田縣出身的插畫家，作品大多為小說的裝幀插畫與插圖。第一本插畫集《遠田志帆畫集》正由新書館出版販售中。

— COMMENT 將故事的魅力濃縮後傳達給讀者，能衝擊讀者視覺的裝幀插畫，讓人不由自主地伸手拿來閱讀，我的目標就是創作出那樣的插畫。我真的非常喜歡裝幀插畫的工作，如果可以細水長流地從事這份工作就太令人感激了。我預計從 2016 年初夏起在美國暫住 2～4 年的時間，希望能收穫滿滿地回來。

1 2 | 4
3

1 「Another エピソードS（Another episode S）／綾辻行人」裝幀插畫／2016／KADOKAWA
2 「真田十勇士 3 激闘、大坂の陣（暫譯：真田十勇士 3 激鬥，大阪之陣）／小前 亮」裝幀插畫／2016／小峰書店
3 「竜宮ホテル 水仙の夢（暫譯：龍宮飯店 水仙之夢）／村山早紀」裝幀插畫／2016／德間書店
4 「真田十勇士 1 参上、猿飛佐助（暫譯：真田十勇士 1 登場，猿飛佐助）／小前 亮」裝幀插畫／2015／小峰書店

大島智子 | OSHIMA tomoko

— URL　tomoko-oshima.com　— Twitter　tomoko_oshima

— E-MAIL　tomokoo0909@gmail.com

— TOOL　Photoshop CS5 / Intuos 3

— PROFILE

插畫家、動畫媒體藝術家。2010 年左右開始在 tumblr 網站上公開發表以插畫為基礎的 GIF 動畫，後來集結成的作品「ガストでもロイホでもラブホでもいいよ（暫譯：不管是 GUSTO 餐廳、樂雅樂餐廳還是愛情旅館都可以喔）」在第 17 屆學生 CG 大賽晉級到最後一輪而成為話題。插畫特色是描繪好像存在於哪裡的纖細女孩以及倦怠無聊的氣氛，廣獲 10 到 20 多歲女孩的支持。

— COMMENT

我會盡可能畫出好像存在於某處，帶點心不在焉的女孩身邊半徑一公尺內的世界。例如她的世界發生了什麼、戀愛、周圍的人際關係與工作等等，我會特別注意描繪著身處各種事物中的女孩。我通常是以自己的經驗為基準，或是描繪去過的地方等等，總之我相當重視自己所感受到的現實感。今後想試著描繪帶點故事性的漫畫　與稍微更現實一點的哥哥姊姊年齡層的插畫。

1 2
3 4　5

1 「愛ならば知っている（暫譯：有愛的話就會知道）／泉まくら」CD 封套／2015／術ノ穴
2 「Summer Sunny Blue／宇宙ネコ子」封套插畫／2016／P-VINE
3 「P.S.／泉まくら」CD 封套／2015／術ノ穴
4 「Kiss me,Kiss me, Kiss me／ほうのきかずなり」DVD 封套／2015／CreatorsBang
5 「Online Love-Remixes-／宇宙ネコ子」封套插畫／2016／Marginal Rec.・P-VINE

オートモアイ | AUTOMOAI

— URL auto-moai.tumblr.com — Twitter auto_moai
— E-MAIL chimidoro.michiko@gmail.com
— TOOL Photoshop CS6 / Illustratior CS6 / 簽字筆 / 墨水

— PROFILE 1990 年出生，現居神奈川縣。插畫以「無個性」、「被消費的個人」為形象的無表情人物畫為中心，以黑白方式描繪非現實的世界。目前主要的工作有 CD 封套、商品設計與活動傳單等。

— COMMENT 我非常重視作品中的世界觀與故事性。雖然我有時也會從電影或是小說中獲得創作靈感，但大多數的作品還是來自日常中浮現的情景與印象所集結的短句。目前的工作以 CD 封套與商品設計居多，我希望也能有裝幀插畫與雜誌插圖這類與紙類媒體相關的工作。由於我 2015 年才開始創作，無論如何都想試著挑戰各種事物。

1 2
3 4 | 5

1 「月夜のひみつ（暫譯：月夜的秘密）」Personal Work / 2016
2 「POLY NUDE」Personal Work / 2016
3 「東京の恋でできたガラスが降るたび望郷の念に駆けられる（暫譯：降落在玻璃上時湧起思鄉之情 開始東京的戀情）」Personal Work / 2016
4 「救済（暫譯：救濟）」Personal Work / 2016
5 「boys don't cry」Personal Work / 2016

岡藤真依 | OKAFUJI mai

— URL www.okafujimai.com
— Twitter maiokafuji
— E-MAIL maiokafuji@gmail.com

— TOOL 鉛筆 / 色鉛筆 / 透明水彩 / 水彩紙

— PROFILE B 型處女座。插畫家、漫畫家。兵庫縣神戶市出身。畢業於京都精華大學藝術學院。2013 年獲得「シブカル杯。」（譯註：由《美術手帖》雜誌舉辦的藝術競賽「渋谷女子盃」）最大獎。插畫曾刊登於《美術手帖》別冊《ART NAVI》封面與《Rolling Stone》雜誌日文版，也提供插畫給各類媒體。現正於網路藝文雜誌《MATOGROSSO》上連載漫畫作品「どうにかなりそう（暫譯：不知怎的可能會）」。

— COMMENT 我所畫的大多是女性，特別是思春期的少女，以她們的青春與未完成性為描繪主題。雖說是非常敏感的主題，但又不能為了避免低俗就輕輕帶過，我認為必須確實地將女孩的性感之處表現出來，因此我描繪時很重視這條界線。日子是一去不復返的，我想用藍色調表現出這種青春時期的短暫光輝，讓每個人都能感受到。今後的展望，其實就是我從以前就設為目標的書籍封面設計。

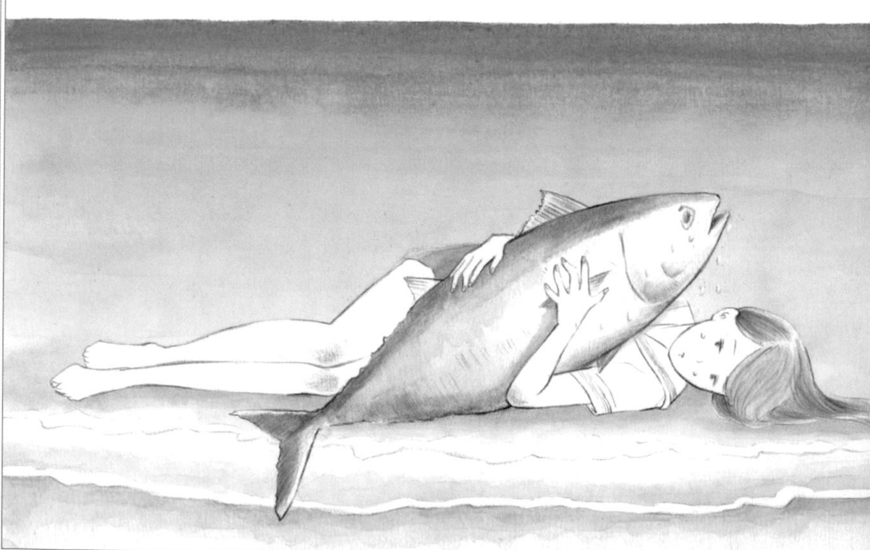

1 2 / 3 4 | 5

1 「星屑の国（暫譯：星塵之國）/ 松野 泉」CD 封套 / 2016 / sink
2 「屋上の恋人（暫譯：屋頂上的戀人）」Personal Work / 2015
3 「美術手帖別冊 ART NAVI」封面插畫 / 2014 / 美術出版社
4 「まぐろを抱く女（暫譯：抱著鮪魚的女孩）」Personal Work / 2015
5 「いたずら（暫譯：惡作劇）」Personal Work / 2016

MARS

小倉マユコ | OGURA mayuko

— URL oguramayuko.com — Twitter ogmy

— E-MAIL m-ogura@kmh.biglobe.ne.jp

— TOOL 透明水彩 / 壓克力顏料 / Photoshop CS4 / Intuos 4

— PROFILE 神奈川縣出生，現居東京都。曾為公司職員，2010 年起轉為自由接案的插畫家。曾於東京設計專門學校修畢Career Illustration課程。擅長以透明水彩創作色彩鮮豔與質感生動的作品，活躍於書籍封面、插圖、廣告等領域。

— COMMENT 我想描繪潛藏於日常中的奇幻世界。我的目標是將日常中的人物或主題，透過不同的組合，創作出可以感受到淡淡幻想的世界觀。我的繪畫特色，是因為使用透明水彩創作才有的色彩與質感表現，不過現在也在摸索著利用 Photoshop 替水彩畫加工，讓插畫的表現能更精緻、更有深度。主要工作是小說的裝幀插畫，但也想嘗試以青少年為對象的兒童書籍。此外我也擅長日本風的畫風，因此也想挑戰看看與歷史小說或日本風格事物相關的工作。

1 2
3 4

1 「夕暮れ（暫譯：黃昏）」Personal Work / 2016
2 「葉桜（暫譯：葉櫻 *譯註：長出新葉的櫻花樹）」Personal Work / 2016
3 「幾何学の風（暫譯：幾何學之風）」Personal Work / 2016
4 「春の雨（暫譯：春之雨）」Personal Work / 2016

かとうれい | KATO rei

— URL katorei.tumblr.com
— Twitter rainnu_
— E-MAIL m.rain1225@gmail.com

— TOOL Photoshop CS6 / Bamboo Fun

— PROFILE 1992 年出生，居住於東京。擅長描繪動人心弦、令人悸動的作品，擁有浪漫世界觀的插畫家。擔任「君はいなせなさまあ☆が～る展」、「君はつれない東京◆少女展」插畫聯展的主要召集人。

— COMMENT 我相當注重空氣感的呈現。我想描繪的作品，與其說是想觸碰，不如說是被吸引進入插畫世界般的作品。我的插畫特色應該是無法光用一張畫就把故事說完的部分吧，常給人漫畫風格或廣告插畫般的印象。未來我希望能有機會接觸書籍、音樂與時尚相關等不同領域的工作。

1 2
3 4 | 5

1 「ゆらり（暫譯：飄落）」Personal Work / 2016
2 「ドラマみたいだ（暫譯：像是連續劇般）」Personal Work / 2015
3 「shorthair」Personal Work / 2016
4 「青い栞（暫譯：藍色書籤）」Personal Work / 2016
5 「beautiful winter」Personal Work / 2016

beautiful winter
君と出逢って、
この季節の
美しさを知った。

上岡拓也 | KAMIOKA takuya

— URL kamioka-takuya.com — Twitter —

— E-MAIL mail@kamioka-takuya.com

— TOOL 油畫工具 / 壓克力顏料 / 水彩 / Photoshop CS6 / Illustrator CS6

— PROFILE 1985 年出生於東京，畢業於桑澤設計研究所。畢業時開始自由接案，曾經手的工作有羅多倫咖啡及 Aohata Jam 果醬的產品包裝、流行音樂團體「水曜日のカンパネラ」(星期三的康帕內拉) 與歌手「KOHH」等的 CD 封套，以及提供插畫給雜誌等各式媒體。

— COMMENT 無論是畫人或物，我最重視的都是將題材忠實地、以寫實風格呈現出來。此外更重要的是，作品的質感絕不妥協，這是我的座右銘。一般情況下我大多是參考海外的作品為靈感，我的畫風特色應該就是這種日本國內很少出現的風格形式吧。關於工作，我沒有太多要求，想嘗試各種不同的作品。

1 2
3 4 5 | 6

1 「Dog」Personal Work / 2016
2 「Tucano」Personal Work / 2016
3 「上 / MONYPETZJNKMN」CD封套 / 2016 / YENTOWN
4 「下 / MONYPETZJNKMN」CD封套 / 2016 / YENTOWN
5 「轟 / MONYPETZJNKMN」CD封套 / 2017 / YENTOWN
6 「ジパング (Zipangu) / 水曜日のカンパネラ (星期三的康帕內拉)」CD 封套 / 2016 / TSUBASA PLUS

福

賀茂川 | KAMOGAWA

— URL www.kamogawasodachi.tumblr.com — Twitter Twitter kamogawasodachi

— E-MAIL kamogawasodachi@live.jp

— TOOL CLIP STUDIO PAINT PRO / Cintiq 24HD

— PROFILE

作品以廣告領域為主，繪製具有透明感的可愛女孩角色。主要的工作有京都地下鐵活動海報系列、Mobile Factory「Station Memories！」、華道家元池坊「花の甲子園（花之甲子園）」（譯註：以日本高中生為主的全國性插花比賽）吉祥物、FELISSIMO 品牌「三人のアリス（暫譯：三位愛麗絲）」吉祥物等。

— COMMENT

當我在設計角色的時候，會盡可能地吸收更多的資訊，然後盡量簡化。我注重的是這些角色對五感的震撼力與擁有大量資訊的部分。此外我也會將自己認為「可愛！」的所有東西當作題材。今後在繼續追求「可愛！」的同時，也想挑戰「好酷！」的感覺。此外因為我喜歡鞋子和包包，也希望能試著畫相關題材的插畫或漫畫。

1 2
3 4 | 5

1 「模像系彼女しーちゃんとX人の彼（暫譯：模型般的女友小靜與X位男友）／児玉雨子」裝幀插畫／2016／角川書店

2 「Hoi／みきとP」MV 用插畫／2016／EXIT TUNES INC.／Crypton Future Media, INC. www.piapro.net piapro

3 「ニコ穴タップさん（NIKOANA TAP-SAN）／シャシャミン」廣告／2016／AHIRUNO STUDIO

4 「花の甲子園（花之甲子園）」廣告／華道家元池坊

5 「pixie dorado」廣告／2016／pixiv

かわつゆうき | KAWATSU yuki

- **URL** www.yuki-kawatsu.tumblr.com
- **Twitter** yuki_kawatsu
- **E-MAIL** yuki.kawatsu@gmail.com
- **TOOL** Photoshop CS6 / SAI / Intuos 3
- **PROFILE** 1982 年生，目前住在福岡縣。自學插畫後於 2014 年左右公開發表於社群網站。插畫充滿柔和線條，並善用 Q 版變形風格，最喜歡動物和可愛的小東西。目標是畫出讓人樂在其中的插畫。
- **COMMENT** 我很重視「線條」的繪製過程，喜歡描繪自己也覺得舒服的柔和線條，此外我也很重視「動作」的部分。我每次都會確實地自己做做看動作，以免畫出錯誤的動作，或是畫出與一般生活動作有差異的插畫。雖然現在還在摸索中，我正在練習活用舒適線條的「上色」技巧，像是厚塗或是比照動畫表現的上色技巧等等，雖然有各種不同的手法，我思考著如何讓這些成為自己獨特的上色方式。

1 2
3 4

1 「おでかけ（暫譯：出發）」Personal Work / 2016
2 「ぴょんぴょん（暫譯：跳跳）」Personal Work / 2016
3 「お気に入りバッグ（暫譯：喜歡的包包）」Personal Work / 2016
4 「JUMP」Personal Work / 2016

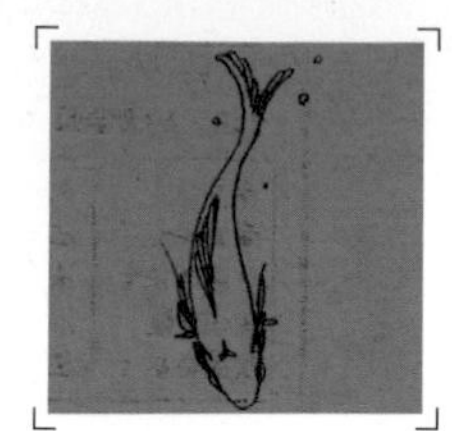

川野 | KAWANO

— URL yuroy.rdy.jp
— Twitter —
— E-MAIL yyuroy@gmail.com
— TOOL Photoshop CC / 自動鉛筆 / 圓筆（沾水筆）

— PROFILE 岡山縣出身並居住於當地。於 2006 年設立個人網站「ユロイ（yuroy）」，開始在網路上發表作品。目前為止的工作有小說裝幀插畫、CD 封套、音樂教材、網路相關內容的插畫等。

— COMMENT 我常常思考如何畫出表現了「已知的事物」與「已知的感覺」的場面與氛圍。即使我所畫的場面或對象是我所不知道的或是非現實的東西，我仍然想要畫出那種「已知」的感覺。經常有人說我的畫風特色是線條。不管是放大或是拉近來看，我都希望儘量畫出有趣的線條。雖然並非刻意的，但每當我回顧作品時，經常發現插畫中有許多留白或是人物的背影，我想我應該是喜歡這類的畫吧。未來想繼續悠閒地畫著自己喜歡的畫。

1 2 | 4
3 | 5

1 「下北沢ヌックラ堂 ワケあり古着に囲まれて（暫譯：下北澤 NUKKURA 堂 被二手衣包圍的理由）/ 枕木みる太」裝幀插畫 / 2016 / KADOKAWA、Media Works 文庫
2 「僕は穴の空いた服を着て。（暫譯：我穿著有洞的衣服）/ 菅野彰」裝幀插畫 / 2016 / 河出書房新社
3 「テレキャスター（Telecaster）」Personal Work / 2015
4 「Life & Lovers / 蝶々P」CD 封套 / 2015 / EXIT TUNES
5 「バンド（Band）」Personal Work / 2013

SONATINEN
Satie
Life & Lovers

鬼頭 祈 | KITO inori

— URL inorikito.tumblr.com
— Twitter inorii
— E-MAIL inorikito@gmail.com
— TOOL 墨 / 和紙 / 顔彩 / 天然礦物顏料 / Photoshop CC

— PROFILE 1991 年生於靜岡縣。插畫家、日本畫畫家，於京都造形藝術大學修畢日本畫課程。善用日本畫技法，活躍於雜誌插畫、展覽等活動。曾入選玄光社的插畫雜誌比賽「The Choice」。曾和 Lmagazine 出版 的 MOOK 雜誌、《cyzo》雜誌、時尚雜誌《Soup.》等合作插畫。

— COMMENT 我的原創作品大多是以墨、和紙、日本畫顏料為基礎，運用日本畫技法來繪製的。若是工作所需的插畫，則會依媒體的不同隨機應變。不論是以數位技法繪製，還是只用墨上色的線稿，或是先以水彩繪製再用數位軟體加工，雖然繪圖技法不同，手繪的工作還是佔了八成。數位插畫可以說是目前主流的插畫技法，但我想要守護著以筆墨才能表現的充滿緊張感的線條，好傳承給未來。

1 2
3 4 5

1 「flower」Personal Work / 2016
2 「FM802 1月號 TIME TABLE」封面插畫 / 2016 / 802 Media Works
3 「月刊 Cyzo KDDI syn. 構想」插圖 / 2014 / CYZO Inc.
4 「little story」Personal Work / 2016
5 「いちごジャム（暫譯：草莓果醬）」Personal Work / 2016

キナコ | KINAKO

— URL marubotan.jimdo.com
— Twitter kamabokoita
— E-MAIL kamekichi6699@gmail.com
— TOOL CLIP STUDIO PAINT PRO / Bamboo

— PROFILE 插畫家。插畫工作以人物角色設定為主。

— COMMENT 我想畫的作品是有柔和身體線條與濃厚陰影，我的畫中最特別的或許是人物的姿勢吧。從事人物角色設計時，大多是色彩豐富但有點詭異的風格居多。今後希望能有更多不同領域的角色設計，如果有這類機會就太好了。插畫方面也希望能更加精進。

1 2
3 4 | 5

1 「屋根裏の美少年（暫譯：閣樓的美少年）／西尾維新」裝幀插畫 / 2016 / 講談社
2 「鏡界の白雪（鏡界的白雪）」一般版封面插畫 / 2016 / 2016 IDEA FACTORY
3 「ガールズFebri」雜誌專欄用插畫 / 2016 / 一迅社
4 「栽培少年」愛麗絲夢遊仙境微笑貓插圖 / 2016 /
5 「spoon. 2Di vol. 3」封面插畫 / 2015 / ©龍之子製作公司 科學小飛俠 Crowds 製作委員會

清原 紘 | KIYOHARA hiro

— URL sugarless310.web.fc2.com — Twitter kiyo_donburi
— E-MAIL sugariess310.web.fc2.com / contact.htm（寄信表單）
— TOOL Photoshop CC / SAI / Cintiq 27HD

— PROFILE 漫畫家與插畫家。目前正在《YOUNG MAGAZINE 週刊》連載漫畫《探偵の探偵》（惡德偵探制裁社）（中文版由獨步文化出版）。代表作有漫畫《Another》全四冊、《萬能鑑定士》裝幀插畫等等。擔任PS4《蒼き革命のヴァルキュリア（蒼藍革命之女武神）》人物設計。2015 年迎接出道 10 周年，由角川、講談社發行紀念畫集。活躍於漫畫、裝幀插畫、服飾商品、遊戲角色設計等多元領域。

— COMMENT 我的插畫中特別講究角色的眼睛、表情與存在感。希望可以創作出讓人一眼看出是清原紘的插畫作品。我的作品以少女人物插畫居多，但近期我也有接到女性取向的男性人物插畫工作。2015 年由於發售了出道十周年的紀念畫集，還舉辦了簽名會與座談會。未來會積極地朝著舉辦專門學校的專題講座與個展等方向多多努力。

1 2 | 4
3 | 5

1 「白銀の逃亡者（白銀的逃亡者）/ 知念実希人」裝幀插畫 / 2016 / 幻冬舍文庫
2 「anamnesis 清原紘畫集」插畫集用原稿 / 2015 / KADOKAWA、角川書店
3 「MOROBITOKOZORITE（B 盤）/ まりえ（35）」CD 封套 / TOY PLANET*
4 「anamnesis 清原紘畫集」封面插畫 / 2015 / KADOKAWA、角川書店
5 「anamnesis 清原紘畫集」插畫集用原稿 / 2015 / KADOKAWA、角川書店

草壁 | KUSAKABE

— URL kusakabeworks.net — Twitter kusakabe
— E-MAIL kskbwrks@gmail.com

— TOOL Photoshop CC / Intuos 5

— PROFILE 我的插畫主題大部分是風景。我沒有特別與美術相關的經歷，只是在工作閒暇時做點插畫工作，以裝幀插畫與遊戲背景插畫為主。

— COMMENT 我的目標是不過度的描繪，只畫適量的景物，讓作品確實地展現出該有的質感與品質。只要肯花時間，或許誰都能畫出令人稱奇的作品，但我注重的是如何篩選畫中的小道具，來突顯出人物或風景的個性。我的畫風如果以「動」或「靜」來區分，應該是屬於「靜」這一邊吧。配色方面，比起華麗，我更重視自然感的配色。雖然我現在大多是畫都市風景，那只是因為我還沒有緣分接到符合個性的工作，我希望有機會可以接到符合個性的企劃。

1 「マルフクの家（暫譯：丸福的家）」Personal Work / 2010
2 「Hinashizakaue（暫譯：沒有陽光的坡道）」Personal Work / 2015
3 「Kyomachiya 2（暫譯：京町家 2）」Personal Work / 2014

くまおり純 | KUMAORI jun

— URL kumaori.info

— Twitter J_KMOR

— E-MAIL iroamuk.nuj@gmail.com

— TOOL Photoshop CS5 / Intuos 4

— PROFILE 1988 年生於京都。以《ペンギン・ハイウェイ（企鵝公路）》（森見登美彥 著/ 中文版由台灣角川出版）、《ルヴォワール（再見）》系列全四冊（円居挽 著 / 講談社 BOX 出版）為始，展開以裝幀插畫為主的工作。

— COMMENT 最近對插畫的想法是，我覺得不需要太過龐大的世界觀，反而應該重視日常生活中的疏離感。我不只喜歡畫風景，也很喜歡畫人和動物，希望能再多加練習。

1 2
3 4 | 5

1 「衣替え（暫譯：換季）」Personal Work / 2016
2 「立ち止まる（暫譯：停止）」Personal Work / 2016
3 「曇天と緑（暫譯：陰天與綠意）」Personal Work / 2016
4 「青に誘われ（暫譯：魅藍）」Personal Work / 2016
5 「かわいくない日（暫譯：不可愛的一天）」Personal Work / 2016

コーヒー

けーしん | KEISHIN

— URL fishmovie.tumblr.com — Twitter keisin

— E-MAIL pilica1965@gmail.com

— TOOL Photoshop CS4 / Cintiq 24HD

— PROFILE 京都府出身，目前住在東京的自由插畫家。畢業於京都造形藝術大學插畫系。活躍於裝幀插畫界。

— COMMENT 我畫畫時會特別注意的是，要將畫中的溫度與空氣感傳達給觀眾。此外，為了追求真實感，我非常講究細節的描繪。我的畫風特色應該是大量運用可愛的道具，以及加入許多有花紋的物品等等，這類充滿玩心的地方吧。今後我會繼續以書籍的裝幀插畫為中心持續創作，也想挑戰看看人物設計等各種不同領域的工作。

1 「amber」Personal Work / 2016
2 「記憶の亡霊（暫譯：記憶的亡靈）」Personal Work / 2016
3 「mild」Personal Work / 2016
4 「clandestine」Personal Work / 2016

げみ | GEMI

— URL　www.gemi333.com　— Twitter　gemi333

— E-MAIL　geeeeemi509@gmail.com

— TOOL　Photoshop CS5 / Cintiq 27QHD

— PROFILE　現居東京都的自由接案插畫家。作品有書籍裝幀插畫、書籍插圖、CD 封套用插畫等類型。畫風特色是受到包含日本畫在內的許多作品影響的風景畫。2016 年 8 月由玄光社發售第一本插畫集。

— COMMENT　不管是什麼樣的主題、場所或情境，我描繪時都會特別講求整體的光線與色彩。我學生時代曾經學習日本畫，或許那種荒蕪的質感就是我的繪畫特色吧。今後除了繼續從事書籍裝幀插畫與廣告媒體的工作之外，也想挑戰各式各樣的工作，開拓自己的視野。

1	2	
3	4	5

1 「たゆたう月（暫譯：動搖）」げみ ILLUSTRATION CALENDAR 2017 月曆用插畫原稿 / 2016 / 翔泳社

2 「ヤマユリワラシ - 遠野供養絵異聞 -（暫譯：山百合童女 - 遠野供養畫異聞）- 澤見 彰」裝幀插畫 / 2016 / 早川書房

3 「星のすくい方（暫譯：撈星星的方法）」/ Personal Work / 2016

4 「桜風堂ものがたり（暫譯：櫻風堂物語）/ 村山早紀」裝幀插畫 / 2016 / PHP 研究所

5 「青と泳ぐ君（暫譯：與藍色共游的你）」げみ ILLUSTRATION CALENDAR 2017 月曆用插畫原稿 / 2016 / 翔泳社

ケント・マエダヴィッチ | KENT maedavic

— URL kent-maedavic.jimdo.com — Twitter maedavic
— E-MAIL kisetu_tou@yahoo.co.jp
— TOOL 木製畫板 / 打底劑 / 壓克力顏料

— PROFILE 1988 年生。2010 年畢業於神戶藝術工科大學視覺設計系。插畫作品以雜誌與書籍為主，主要作品有雜誌《Kettle》的〈松本清張特輯〉插圖，以及前田司郎著《道徳の時間 / 園児の血（暫譯：公民倫理時間 / 幼兒園孩童的血）》裝幀插畫。

— COMMENT 我會在作品中融合當代的時代感、樣式與時尚，可以說是在繪畫方面自己跟自己不斷地交流。我大部分都是在畫我自己想像出來的原創角色「他們與她們」。我通常從頭到尾都是用同一枝面相筆畫完，因為我相信這對觀眾而言有一種彷彿展開旅程的吸引力。我的插畫工作涵蓋軟性的主題（例如麵包）和冷硬的主題（例如車），但我繪圖的要領都是一樣的，那就是「畫出份量感」。我很喜歡電影與電影院之類的空間，如果有人找我做這類的免費宣傳品或宣傳廣告，我會很開心的。

1 2
3 4

1 「海と女（暫譯：海與女人）」Personal Work / 2015
2 「海と女（暫譯：海與女人）」Personal Work / 2015
3 「sporty」Personal Work / 2015
4 「海と女（暫譯：海與女人）」Personal Work / 2015

後藤温子 | GOTO atsuko

— URL www.gotsuko.com — Twitter gotsukoo

— E-MAIL go-to@gotsuko.com

— TOOL 上膠棉布（畫布）／顏料／阿拉伯膠／墨／青金石顏料

— PROFILE 1982 年生。曾於法國美術學院留學，並於東京藝術大學研究所的油畫技法材料研究室修畢碩士課程。2016 年於日本橋三越本店舉辦個展「夢見る怪物（暫譯：夢中的怪物）」、2014 年舉辦個展「祈り呪い（暫譯：祈禱詛咒）」、2012 年於 LOWER AKIHABARA 藝廊舉辦個展「夢から醒めない（暫譯：無法從夢中醒來）」、2014 年於西武百貨池袋本店舉辦個展「優しい沈默（暫譯：溫柔的沈默）」。此外也曾於日本、歐美、亞洲諸國各地舉辦個展與聯展。

— COMMENT 我的創作主題是將彷彿存在於夢中，深埋在每個人潛意識裡的那些記憶與感情畫出來。在我的作品中不太會感受到特定的時代與情境，就像是請每位觀眾發揮自己的想像力，但又有足夠的具像化而不需要特別詳細的描述，我想要畫出這樣的作品。今後我想繼續以繪畫為主來創作，但也想挑戰各種其他事物，活動範圍不限。

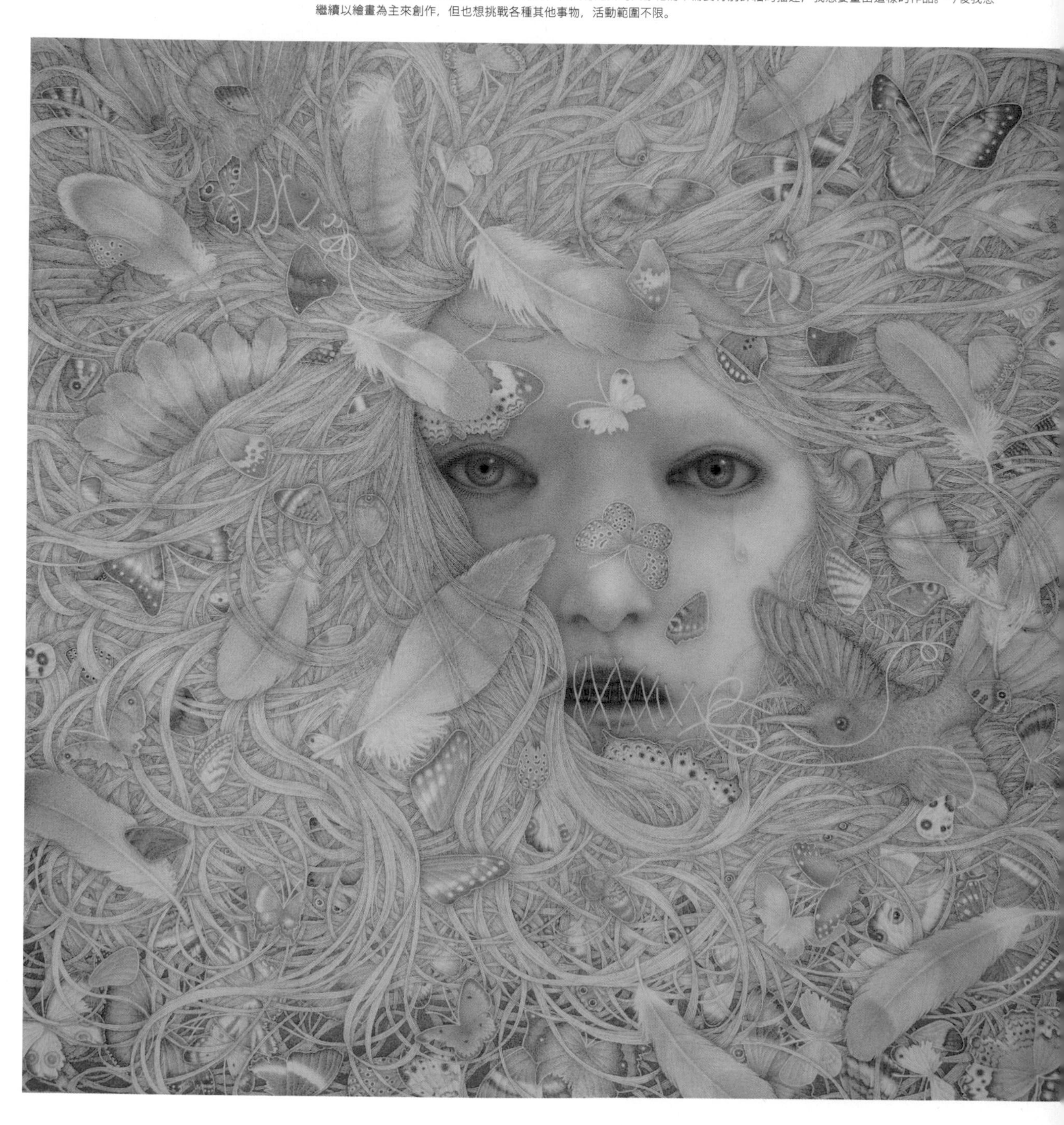

1 | 2

1 「砕け散る幻影（暫譯：破碎散落的幻影）」Personal Work / 2014

2 「美しい未来（暫譯：美好的未來）」Personal Work / 2014

紺野真弓 | KONNO mayumi

— URL www.mayumikonno.com — Twitter konnomym
— E-MAIL konnomym@gmail.com

— TOOL 壓克力顏料

— PROFILE 1987 年生於宮城縣。作品是在畫布上以壓克力顏料繪製。2015 年起以藝術家身分舉辦個展與聯展，目前除了從事裝幀插畫等工作之外，也以插畫家的身分展開創作活動。

— COMMENT 在畫人物的時候，我會特別注意畫出像是在詢問觀眾般的眼神。此外我也很重視手的姿勢，讓手像是能傳達主角的想法般。我的作品整體都是以淺色系、透明感與柔和感的風格來描繪，但我也很重視作品中要表現出來的堅強。今後希望也能透過作品在各類媒體與領域上盡一份力。

1 2
3 | 4

1 「彼女が花の命を盗んだ（暫譯：她偷走了花的生命）」Personal Work / 2016
2 「ずっと絵の中（暫譯：一直在畫中）」Personal Work / 2016
3 「束ねられていた（暫譯：被束縛了）」Personal Work / 2016
4 「切り取ってリボンをかけて（暫譯：繫上被剪下的蝴蝶結）」Personal Work / 2016

Third Echoes

— URL thirdechoes.com — Twitter Third_Echoes
— E-MAIL thirdechoes@gmail.com
— TOOL Photoshop CS6 / Illustrator CS6 / Intuos 5
— PROFILE 「Third Echoes」是由 Wataru Katsuo、Shingo Sugimoto、Minami Kaori 三人組成的插畫家團體。創作活動以人物設計為主。
— COMMENT 過去一年裡獲得了許多人物設計方面的工作機會，雖然我們還不成氣候，但有許多客戶願意委託我們工作，這讓我們非常感謝。不過也因為這樣，這一年減少了畫單張插畫作品的機會，因此我們正在思考著如何增加畫個人作品的時間。

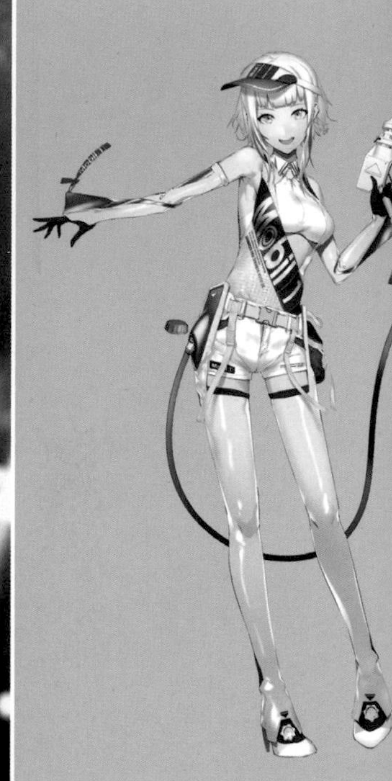

1 2
3 4 | 5

1 「ブブキブランキ（舞武器・舞亂伎）第 10 話」結局插畫 / 2016 / ©Quadrangle / BBKBRNK Partners
2 「PROJECT BOOSTER Mobil 1 ICE WORLD」角色設計 / 2016 / ©Gakken Plus Co., Ltd.
3 「1983」Personal Work / 2016
4 「PROJECT BOOSTER HALLS BOOST LIVE」角色設計 / 2016 / ©Gakken Plus Co., Ltd.
5 「Like a rolling stone」Personal Work / 2016

Third echoes

1

Beware doll, you re bound to fall

"Like A Rolling Stone"

fine
'ou?
fall'
you
out
out
oud
oud
neal

'eel?
me
one

nely
in it
reet
to it
nise
lize
libis
eyes
eal?

'eel?
me
one

wns

How does it feel ? Like a complete unknown ? Bob Dylan

Onc
Thr
Peo
You
You
Eve
Nov
Nov
Abo

Hov
To b
Like

Ahh
But
Nob
And
You
Wit
He's
As y
And

Hov
To b
A cc

Ah y

斎賀時人 | SAIGA tokihito

— URL mist.in/spectrum
— Twitter tokihito
— E-MAIL lantern_212@hotmail.co.jp

— TOOL SAI / Photoshop CS5 / Cintiq 13HD

— PROFILE 現居兵庫縣的藝術家、插畫家。主要工作為書籍的裝幀插畫、卡片遊戲的插畫等。

— COMMENT 無論是畫怎樣的畫面，我注重的是讓畫中的存在感更有說服力。關於今後的展望，希望能增加在實體空間裡展示作品的機會。

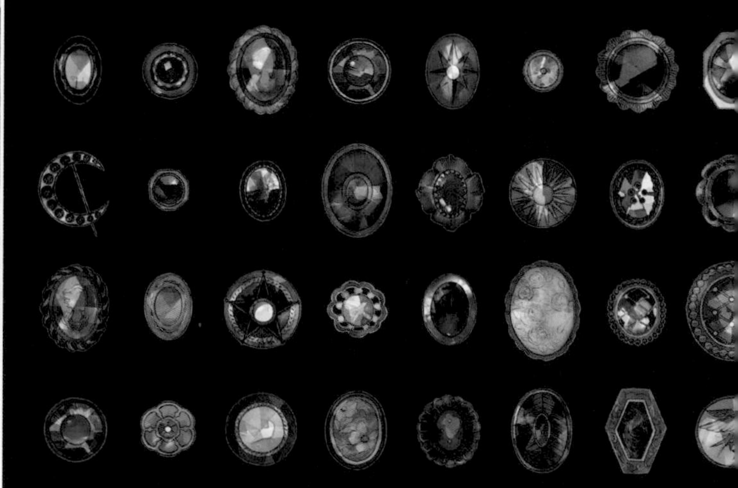

1 「Luggage of Travelers」Personal Work / 2016
2 「書斎（暫譯：書房）」Personal Work / 2015
3 「April」Personal Work / 2016
4 「The collection of antiques」Personal Work / 2016
5 「Pilot 9」/ Personal Work / 2015

さいね | SAINE

— URL pixiv.me/sainexxx — Twitter sainexxx
— E-MAIL saine.x.works@gmail.com

— TOOL Photoshop CC / Illustrator CC / Cintiq 22HD

— PROFILE 自由接案插畫家，活躍於插畫、設計、動畫等多種領域。設計方面以 CD 設計相關的創作與商品設計為主。

— COMMENT 我畫畫時會特別注意的是配色，我會降低色彩的飽和度，讓畫中的某個地方成為視覺焦點。說到我的畫風特色，果然還是配色吧，我不太會混色，經常使用原色。最近獲得了一些社群遊戲類的人物設計工作，我本來就很喜歡角色設計，希望今後也能持續增加這類的工作。

1 「さいね Illustration Works world x world」個人插畫集封面 / 2016 / KADOKAWA & Crypton Future Media, Inc.

2 「ビー玉の中の宇宙の旅（暫譯：玻璃彈珠中的太空旅行）/ そらる」演唱會主視覺 / 2016
3 「鬼と狐（暫譯：鬼與狐狸）」Personal Work / 2015
4 「MIKU EXPO 2016 Japan Tour EXHIBITION in PARCO」主視覺 / 2016

1
2 3 | 4

01

ざいん | ZAIN

— URL　pixiv.me/zain　— Twitter　zain 7

— E-MAIL　khrhne@gmail.com

— TOOL　Photoshop CS5 / SAI / Cintiq 13HD / 鉛筆

— PROFILE　畢業於多摩美術大學，現居東京的插畫家，目前在京都精華大學擔任兼職講師。作品涵蓋 CD 封套、APP 等插畫創作。畫風特色是鮮豔的色彩與對比強烈的畫面。近期的工作是替輕小說《されど罪人は竜と踊る 18 どこかで、誰かの歌が（暫譯：罪人與龍共舞 18 來自何處，誰的歌）》（浅井ラボ 著/ GAGAGA 文庫 / 小學館出版）畫封面與書籍插圖。

— COMMENT　不論是在網路或是書店，為了給人怎麼看都很華麗的印象，我會特別注意作品的構圖和配色。我的插畫特色應該是結合都市風景與擁有獨特氛圍的少女，以及粉紅 / 藍的鮮豔配色風格吧。說到未來的展望，希望能繼續畫我最常畫的「風景＋少女」主題，此外也想將題材擴展到小朋友或青年等等，無論是個人創作或工作需求的插畫都可以。

1 2
3 | 4

1 「commons & sense ISSUE 50」雜誌插畫 / 2016 / 河出書房
2 「commons & sense ISSUE 50」雜誌插畫 / 2016 / 河出書房
3 「西暦 2036 年を想像してみた FORWARD THINKING IMAGINATION（暫譯：試想西元 2036 年）」網路企劃插畫 / 2016 / RICOH
4 「バビロン1―女―（巴比倫 1―女―）/ 野崎まど」裝幀插畫 / 2015 / 講談社

サヌキナオヤ | SANUKI naoya

— URL　sanukinaoya.com　— Twitter　okomen

— E-MAIL　sanukinaoya@gmail.com

— TOOL　Photoshop CC / Illustrator CC / CLIP STUDIO PAINT PRO / 自動鉛筆

— PROFILE　1983 年生於京都市。主要工作是替「シャムキャッツ(Siamese Cats)」、「Homecomings」樂團創作藝術作品，並擔任 DIORAMA BOOKS 發行之漫畫雜誌《ジオラマ(西洋鏡)》、《ユースカ(USCA)》的漫畫執筆。此外還有製作音樂網路平台「SPACE SHOWER TV」的「station ID」節目等。2015 年獲得「MUSIC ILLUSTRATION AWARDS 2015」的「BEST MUSIC ILLUSTRATOR 2015」獎。

— COMMENT　我畫圖時最重視的是線條的細微差別。我喜歡美國另類漫畫的風格，為了更接近這種風格，不管多少次我都會修正線條。接著是「情境、姿態、色彩」，我很在乎如何更用心處理這三個重點及相互結合。如果一年裡能做出一個受到歡迎的作品那就太好了。以後，我打算慢慢朝著動畫方面的工作前進，也會在影音方面繼續努力。

1 2
3 | 4

1 「GUITAR POP definitive 1955-2015 / 岡村詩野(監修)」裝幀插畫 / 2016 / ele-king books
2 「GHOST PATROL」Personal Work / 2016
3 「JULY」Personal Work / 2015
4 「パルプ(暫譯：紙漿) / Henry Charles Bukowski」裝幀插畫 / 2016 / 筑摩文庫

サメヤマ次郎 | SAMEYAMA jiro

— URL sukkarakan.wixsite.com/krbk — Twitter krbk1

— E-MAIL eveningprim62@yahoo.co.jp

— TOOL SAI / Photoshop CS6 / CLIP STUDIO PAINT PRO / Cintiq 13HD Creative Pen Display

— PROFILE 動畫師、插畫家，創作抽象畫與普普藝術。將復古風格現代化、透過色彩展現魅力、打造新穎且具衝擊力的獨特世界觀，應該就是我的畫風特色吧。我擅長黑白基調的高頭身插畫，此外也擅長動畫與漫畫相關的創作，創造出比例變形且具魄力的卡通造型。

— COMMENT 我畫畫時會注重線條與色彩的構成。不論是哪種畫，我都會偷偷地加上主題，在每個作品各自的世界觀與背景下，用諷刺的手法畫女性醞釀出來的獨特之美與堅強。說到我的畫風特色，應該是線條吧。曾經有人說我的線條是「雖然臉與身體的比例和過去差不多，但因為用色新穎而有了新的氛圍。」這樣的評語令我很開心。關於今後的展望，我想挑戰 3D 之類的常用新技術與表現，讓自己的作品領域更加寬廣。

1 2 | 3 | 4

1 「月見（暫譯：賞月）」Personal Work / 2015
2 「据え（暫譯：安放）」Personal Work / 2015
3 「うつろ（暫譯：空洞）」Personal Work / 2016
4 「ここからここまで（暫譯：由此開始由此結束）」Personal Work / 2016

EAT ME

JNTHED

— URL gadgadget.fullmecha.com — Twitter JNTHED

— E-MAIL info@kaikaikiki.co.jp (經紀公司：Kaikai Kiki)

— TOOL Photoshop CS6 / Bamboo CTH-670 / Pentel 卡式毛筆 / 自動鉛筆 / 原子筆

— PROFILE 我總是以雷射光與四拍子音樂刺激我的心。我是兼用數位和手繪技巧的畫家，在以視覺誘導快樂意識的幾何學空間中，創作出人物與機械的綜合體。目前是「Kaikai Kiki」（日本藝術家村上隆設立的藝術經紀公司）旗下藝術家，創作電影作品中的機械 / 劇情 / 背景設計等等，此外也有創作個人作品。

— COMMENT 從裂縫中稍微窺見的內部機械令我著迷。我的目標是畫出讓人百看不厭的作品。

1 2 | 4
3 | 5

1 「Capricious MIKU」Personal Work / 2016 / ©Crypton Future Media, INC. www.piapro.net piapro
2 「Neutrino Black」Personal Work / 2016 / ©Crypton Future Media, INC. www.piapro.net piapro
3 「Let It Be, Princess Kintaro」Personal Work / 2015
4 「AN AN ARMORY」Personal Work / 2016
5 「花札っぽいけどぉ（タトゥー院）（暫譯：花牌般的刺青院）」Personal Work / 2016

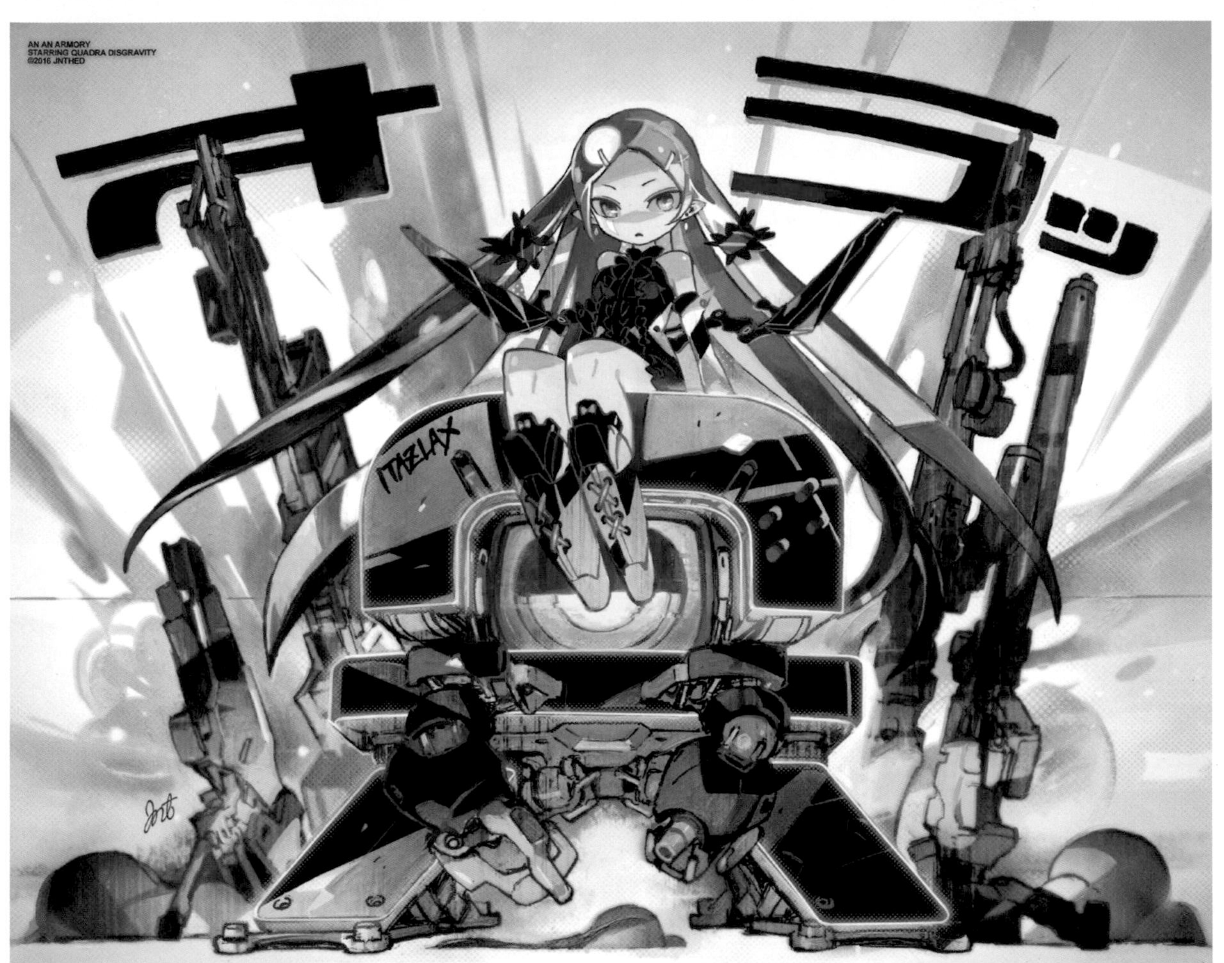
AN AN ARMORY
STARRING QUADRA DISGRAVITY
©2016 JNTHED
オラッ
ITAZLAX

しきみ | SHIKIMI

— URL keeggy.com — Twitter keeggy

— E-MAIL keeggy@yahoo.co.jp

— TOOL Photoshop 6 / SAI / Cintiq 13HD

— PROFILE 現居東京都。我喜歡畫以神話或童話為主題的插畫。

— COMMENT 我創作時重視的是作品中圖形的整體感、故事性與不安定感。我的作品特色是平面化的畫、無生命感與統一感的配色。今後想要嘗試有故事的連續作品。

1 2
3 4 5

1 「花嫁道中の惨劇（暫譯：新娘遊行途中的慘劇）」Personal Work / 2016
2 「吉凶」Personal Work / 2016
3 「昔日」Personal Work / 2015
4 「花霞の情念（暫譯：如彩霞般滿開櫻花的思念）」Personal Work / 2016
5 「わたしの悲しいお姉ちゃん（暫譯：我可悲的姐姐）」Personal Work / 2016

456 | SHIGORO

— URL makina7.com
— Twitter 456log
— E-MAIL 456@makina7.com
— TOOL CLIP STUDIO PAINT PRO / Photoshop CC / After Effects CS6 / Intuos 5
— PROFILE 住在群馬縣的插畫家。創作範疇以書籍裝幀插畫與 CD 封套等為主。
— COMMENT 我創作時重視的是引導觀眾去想像故事情節、帶入共同感受與感情，也就是俗稱的「情感投射」。我常常畫的主題是「思春期」與「超現實主義」。說到我的畫風特色，或許是帶點寂寞的線條與表現出喜怒哀樂的用色吧。今後也會繼續創作書籍的裝幀插畫，此外也想挑戰尚未畫過的主題與其他各種不同的事物。

1 2
3 4 5

1 「fragile」Personal Work / 2016
2 「きみの分解パラドックス（暫譯：你的分解悖論）/ 井上悠宇」裝幀插畫 / 2016 / KADOKAWA、富士見書房
3 「lost」Personal Work / 2016
4 「634」Personal Work / 2016
5 「十年交差点（暫譯：十年的十字路口）/ 中田永一、白河三兎、岡崎琢磨、原田ひ香、畠中恵」裝幀插畫 / 2016 / 新潮社

朱華 | SYUKA

— URL taupesyuka.sakura.ne.jp
— Twitter Taupesyuka
— E-MAIL qqc858u9@wonder.ocn.ne.jp

— TOOL 透明水彩

— PROFILE 現居廣島縣。使用透明水彩畫，以夢與現實的疆界，創造出幻想中的不可思議的世界。

— COMMENT 我重視畫面裡的空氣感與氛圍，以及好像能傳達出味道與溫度的色彩。我的畫裡會活用透明水彩獨有的渲染痕跡與模糊感，以及手繪作品才有的畫面構成。我喜歡畫女性、花、蝴蝶與蛾等等的主題。也喜歡蠟燭與燈之類的光芒。關於今後的展望，希望能有機會畫書籍的裝幀插畫。

1 2
3 4

1 「白木蓮」Personal Work / 2016
2 「夜の目（暫譯：夜之眼）」Personal Work / 2015
3 「秘密事（暫譯：秘密的事）」Personal Work / 2016
4 「散りぎは（暫譯：凋零）」Personal Work / 2014

城咲ロンドン | SIROSAKI london

— URL　london222.web.fc2.com　— Twitter　london_222
— E-MAIL　london070222@gmail.com
— TOOL　SAI / Intuos Pro

— PROFILE　2012 年開始創作，畫風特色是人物具有洋娃娃般的大頭與細長的腳。活動以展覽為主，以及與雜誌合作等等，非常活躍。也有接觸遊戲角色設計與音樂 PV 的製作等，於 2016 年春天舉辦初次個展。是擅長畫蘿莉塔風格與洋娃娃的插畫家。

— COMMENT　我創作時最講究的是出現在畫中的女孩與她們身邊環繞的物品們。我喜歡可愛夢幻、而且帶點瘋狂的東西。我也喜歡畫可憐的孩子，會將她們加入畫中做為一種刺激。我常常會花許多時間來畫，為了長時間吸引觀眾的目光，我會在一張畫裡加入多個故事。關於今後的展望，因為我非常喜歡角色設計，希望能有相關的工作機會。

1 「バラ園の少女達（暫譯：玫瑰園中的少女們）」Personal Work / 2016
2 「西の森の幻影サーカス（暫譯：西方森林裡的幻影馬戲團）」Personal Work / 2016
3 「キノコシリーズ（暫譯：香菇系列）」Personal Work / 2016
4 「メアリーの迷夢（暫譯：瑪麗的妄想）」Personal Work / 2016

スオウ | SUOH

— URL www.pixiv.net/member.php?id=572026 — Twitter sdurorhr

— E-MAIL sdurorhr@gmail.com

— TOOL SAI / Photoshop CS4 / Intuos Pro

— PROFILE 插畫家。毫無顧忌地畫著圖。

— COMMENT 在畫封面或商業插畫的時候，我會在構圖之前反覆思考我最想呈現的是什麼。我重視的是在事前就要決定好插畫要傳達的氛圍。另外，因為角色設計方面的工作較多，我還滿喜歡思考如何讓小東西與服裝也能充滿這個角色的個性。我覺得越能了解角色的個性，越能帶出角色的魅力。我的畫風特色，應該是每個角色眼神都很兇狠吧（笑）。之後我也想要畫出氣氛更柔和的畫。

1 | 3
2 | 4

1 「殺人ハウス（暫譯：殺人屋）／藤津一」裝幀插畫／2015／集英社
2 「ノベルダムと本の虫（暫譯：故事的王國與書蟲）／天川栄人」裝幀插畫／2016／KADOKAWA
3 「Dear ❤ vocalist」連續劇 CD 系列主視覺／2016／Rejet
4 「SUOH 畫冊 La Lumiere」畫集用草稿插圖／2015／KADOKAWA

せんたっき | SENTAKKI

— URL michinoku800.tumblr.com

— Twitter stairs2line

— E-MAIL sikiso800@gmail.com

— TOOL SAI

— PROFILE 住在東京都的插畫家。著迷於網路上的繪畫論壇。曾擔任時尚品牌「hatra」2015-2016 年秋冬系列的設計師。

— COMMENT 我的作品大部分都是畫在 500px×500px 的畫布尺寸中，我會先決定好構圖，再將想畫的東西放進來。我重視的是將想表達的資訊精簡後，轉換成點陣圖風格，妥善地呈現出來。我追求的是畫出好像存在又好像不可能存在的姿勢或構圖，因此讓線條消失。用最小單位的 1px 像素畫，具有抑揚頓挫的有點奇怪的姿勢，以及融合幾何圖案的人物線條，我覺得這種畫風非常符合我的特色。關於今後的展望，雖然目前為止我只做過衣服設計之類的工作，我會努力畫出與各式各樣的東西融合的插畫作品。

1 2
3 4 | 5

1 「てん死（暫譯：天死（譯註：諧音「天使」））／寺田てら」Personal Work / 2016
2 「校正女子（暫譯：校閱女孩）」Personal Work / 2015
3 「三角錐」Personal Work / 2015 / ©Crypton Future Media, INC. www.piapro.net piapro
4 「橢圓」Personal Work / 2016 / ©Crypton Future Media, INC. www.piapro.net piapro
5 「+」Personal Work / 2015 / ©Crypton Future Media, INC. www.piapro.net piapro

爽々 | SOUSOU

— URL sousouworks.tumblr.com — Twitter _sousou_
— E-MAIL sousouworks@gmail.com

— TOOL SAI / CLIP STUDIO PAINT PRO / Intuos Pro

— PROFILE 1988 年生，大分縣人，現居東京。從大學時代開始學習插畫，活躍於小說封面、CD 封套與雜誌插畫等領域。

— COMMENT 我非常講究細節的畫。我會盡可能地花時間來畫頭髮、機械等有複雜構造的部分。我比較擅長的是黑白的畫，我的目標是畫出即使只有黑白兩色也能感受到頭髮與靴子光澤等質感的作品。關於今後的展望，我想要畫天空或海洋這類重視色彩表現的題材，增進自己運用色彩的熟練度。

1 | 3
2 | 4

1 「青キ火花ノ詩 edge-s pain（暫譯：藍色煙火之詩 edge-s pain）」書籍插圖 / 2016 / younoumi
2 網站首頁用插畫 / 2015 / fknews
3 「スナイパー（暫譯：狙擊手）」私人委託插畫 / 2016
4 「祈る（暫譯：祈禱）」Personal Work / 2016

daito

— URL daito.hotcom-web.com/wordpress — Twitter daito69

— E-MAIL guro-za1350999svu@hotmail.co.jp

— TOOL Photoshop CS5 / SAI

— PROFILE 初次見面，我是 daito。我的創作以畫持槍女子或軍事題材的插畫為主。其他也有因興趣而畫的鐵道類插畫。

— COMMENT 我常常有機會畫槍械，所以我很講究「鐵」的表現，會特別注重鐵的獨特光澤（反光）位置與色彩的選擇。上色時，畫金屬與武器等基本色時，我會混入黯淡的咖啡色；畫陰影時，我一定會混入接近紫色的暗藍色。關於未來的展望，非常希望能有書籍、輕小說的封面插畫或插圖之類的工作機會。此外，對於貼在牆上那種活動用大型海報插畫與交換卡片插畫、遊戲的角色設計等等，我也都很有興趣。

1 2 |
3 4 | 5

1 「武装女子高生軍装女子（暫譯：武裝高中女生軍裝女生）」同人誌封面 / 2016
2 「女子高生と汽車（暫譯：高中女生與汽車）」Personal Work / 2014
3 「LittleArmory ガンラックB（暫譯：Ltitle Armory 展示架B）」包裝藝術 / 2016 / TOMYTEC©2013 TOMYTEC
4 「ポーランド兵（暫譯：波蘭士兵）」Personal Work / 2016
5 「銃砲×少女（暫譯：槍械×少女）」同人誌封面 / 2016 / Circle：Fenidora!!

たえ | TAE

— URL snnns.tumblr.com — Twitter tae402

— E-MAIL t.tae600@gmail.com

— TOOL Photoshop CS6 / Intuos 3

— PROFILE 居住在東京的插畫家。作品以裝幀插畫與書籍插圖為主。

— COMMENT 我畫畫時注重的是利用眼神與表情，來表現人物的強弱等的內心層面的部分。我畫的主題以女性居多，而且大多是可以看得見臉部的構圖。目前的工作大多是書籍和插畫，我希望今後能不拘種類地做各種嘗試。

1 2 / 3 | 4

1 「謹賀新年」Personal Work / 2016
2 「厭世マニュアル（暫譯：厭世手冊）/ 阿川せんり」裝幀插畫 / 2015 / KADOKAWA
3 「トラペジウム（暫譯：梯形）/ 高山一実」插圖 / 2016 / KADOKAWA
4 「最果てのイレーナ（原作書名：Fire Study）/ Maria・V・Snyder（著）、宮崎真紀（譯）」裝幀插畫 / 2016 / HarperCollins・Japan

高木正文 | TAKAGI masafumi

— URL pixiv.me/mar-mar — Twitter mar_takagi
— E-MAIL info@mar.vc
— TOOL Photoshop CS5 / CLIP STUDIO PAINT PRO / Intuos 3

— PROFILE 身兼藝術總監與插畫家。曾參加《Final Fantasy（最終幻想）零式》、《(Drakengard 3（誓血龍騎士 3)》的藝術設計相關工作、並擔任過《El Shaddai（幻境神界）》的企劃、《PS3 GODZILLA》的包裝設計等，亦參與多數遊戲封面設計，並在專門學校擔任講師。興趣是厚塗上色與喝酒。

— COMMENT 我很重視那種好像就在那裡、伸手可及的存在感。在我因興趣而畫的作品中，我會特別注意控制視線的高度，並營造出幾乎可以對話的距離範圍，同時藉由提高對比、拉高明暗差來製作立體感，以創作更接近真實的感覺。畫圖時，比起細節我會更重視看到的人第一印象感受到的衝擊力度。關於今後的展望，如果能有關於恐怖、黑暗世界觀的工作，那就太令人高興了。

1 2
3 4

1 「赤と青（暫譯：紅與藍）」投稿插畫 / 2015 / Palmie
2 「古本（暫譯：舊書）」投稿插畫 / 2015 / Everystar
3 「首折り姫の嗤う島（暫譯：折頸公主的嘲笑島）/ 雨宮黃英」裝幀插畫 / 2016 / Everystar
4 「REFLECTION-クリエイターの休日-（暫譯：REFLECTION-創作者的假日）」活動主視覺 / 2015 / DeNA

竹中 | TAKENAKA

— URL www.dahliart.jp — Twitter —
— E-MAIL info@dahliart.jp
— TOOL SAI / Photoshop CS2 / Intuos 4

— PROFILE 住在大阪的自由接案插畫家。不分日本國內外，活躍於裝幀插畫、包裝設計與角色設計等領域。

— COMMENT 我創作時注重的是畫出不論男女都要具備美麗與品味的作品。如果問我的畫風特色，應該是不知不覺都畫成背光的人物畫吧。我很喜歡那種好像欲言又止、有話想說的強烈眼神。關於今後的展望，我會以發行畫冊與舉辦個展為目標，繼續努力畫下去。

1 2 | 3 | 4

1 「short」Personal Work / 2016
2 「spiky」Personal Work / 2014
3 「ice」Personal Work / 2016
4 「chignon」Personal Work / 2016

dahliart.jp

Daken

— URL xdakn00.wixsite.com/boxd — Twitter xDakn
— E-MAIL dakenox@gmail.com

— TOOL Photoshop CC / SAI / Cintiq 13HD

— PROFILE 自由接案的插畫家。除了社群遊戲外，也有畫與音樂相關的插畫與角色設計等工作。

— COMMENT 如果問我是為了什麼而畫，是因為我深信只有自己才能畫出這樣的東西吧。之前都是以藝術家的個人名義來創作，接下來希望有書籍或遊戲相關的工作機會，我從小就喜歡這些，如果有相關工作那就太好了。我會加油的。

1
2 3

1 「春の病は夢うつつ（暫譯：春天的病就是分不清夢與現實）」PV 用插畫 / 2016 / YOYO
2 「真夏の夕凪シンドローム（暫譯：仲夏黃昏無風症候群）」PV 用插畫 / 2016 / YOYO
3 「wa」Personal Work / 2016

田島光二 | TAJIMA kouji

— URL　koujiart.blogspot.com　— Twitter　kouji_tajima

— E-MAIL　—

— TOOL　Photoshop CS6 / Intuos 4 / Cintiq 22HD / 水彩 / 鉛筆

— PROFILE　Double Negative Visual Effects 公司的概念藝術家。1990 年出生，東京人。2011 年畢業於日本電子專門學校電腦繪圖系，開始以自由接案的建模師為職業。2012 年 4 月加入 Double Negative 公司的新加坡事務所。2015 年轉移至加拿大事務所工作至今。

— COMMENT　我創作時沒有特別堅持的地方，但我很重視的是要畫出自己也覺得很棒的作品。我喜歡的作品題材是黑暗的幻想，尤其喜歡帶點黑暗面的。未來希望有機會挑戰至今沒有畫過的題材，或是不同的畫風。

1	2	4
	3	5

1 「KAIJU」CGWORLD Entry 8 號封面插畫 / 2014 / Born Digital
2 「Judgemnet」田島光二作品集 & ZBrush Technique 封面插畫 / 2014 / Graphic 社
3 「Knight」Personal Work / 2014
4 「Disaster」Personal Work / 2014
5 「White Dragon」Personal Work / 2016

田中寛崇 | TANAKA hirotaka

— URL gomnaga.org
— Twitter tanakahirotaka
— E-MAIL gomnaga1021@gmail.com

— TOOL CLIP STUDIO PAINT PRO / Photoshop CC / Intuos 3

— PROFILE 1986 年生於新潟市。畢業於多摩美術大學資訊設計系，主修資訊藝術。以自由接案的插畫家身份活躍於書籍裝幀、CD 專輯藝術設計、廣告媒體等各種不同的領域中。

— COMMENT 在做個人創作的時候，我會特別注意當下自己的不足之處。最近則比較注意色彩的廣度和光源的方向、以及線條的粗細平衡感等。至於工作用的插畫，我就不會講求喜好，不論什麼都會畫。我作品中的色彩、線條與人物的真實性經常受到稱讚，可能是因為我不太使用工具，保留了手繪的線稿吧，題材冷硬但具有生命力，或許就是我的畫風特色。我的目標是畫出有特色同時也能被接受的作品。今後我也將持續關注書籍和媒體的工作，此外也希望能以插畫家身分，漸漸將工作範圍擴及到動畫、遊戲與廣告等等。

1 2
3 | 4

1 「カカオ80%の夏（暫譯：可可 80% 的夏天）/ 永井するみ」裝幀插畫 / 2016 / Poplar Publishing Co., Ltd.
2 「水族館の殺人（暫譯：水族館殺人事件）/ 青崎有吾」裝幀插畫 / 2016 / 東京創元社
3 「わたしの隣の王国（暫譯：我隔壁的王國）/ 七河伽南」裝幀插畫 / 2016 / 新潮社
4 「J-WAVE LIVE SUMMER JAM 2016」主視覺、廣告 / 2016 / J-WAVE

たなか麦 | TANAKA mugi

— URL oplant.tumblr.com — Twitter oplant
— E-MAIL info@park-harajuku.com
— TOOL SAI / Intuos 4

— PROFILE
2009 年起展開以「Comic Market（譯註：同人誌展售會）」為主的同人活動。2014 年替原宿新開幕的「PARK」設計人物角色（須藤りと、綿紬ことこ、白子まり）。自 2015 年起於「PARK」及動畫平台「Crunchyroll」上聯合連載相關動畫「PARK:HARAJUKU Crisis Team！」。每天都為了達成印刷公司的營業目標而努力工作。

— COMMENT
我畫圖時會運用背景與小物來表現出生活感，像是在房間裡散落著物品、到處堆積著沒看完的書、吃完放著沒洗的餐盤等等，將實際發生在自己身邊的事物放到插畫中。我的畫風特色是，不管怎樣我都會將人物的毛髮和頭髮設定為同樣顏色，就連睫毛也會特別留一個空間去畫。此外在畫衣服的時候，因為我會思考全身的搭配，幾乎沒有只畫上半身的作品，而會盡量將鞋子也畫進去。

1 「PARK:HARAJUKU Crisis Team！第一期第三話」網路連載動畫 / 2015 / Crunchyroll、PARK
2 「ナスカー（NASCAR）」名片用插畫 / 2014
3 「PARK:HARAJUKU Crisis Team！第二期第五話」網路連載動畫 / 2015 / Crunchyroll、PARK
4 「キャットダンスフィーバーVol.4（Cat Dance Fever Vol.4）」傳單用插畫 / 2014 / 娘ねこ BAR PINKY CATSEYE

プレモル!
MANGANIKU
CREAM

ちほ | CHIHO

— URL pixiv.me/hasimochi — Twitter chihoy
— E-MAIL hasimochi@gmail.com

— TOOL Photoshop CS3 / SAI / CLIP STUDIO PAINT PRO / Intuos 4 / Cintiq 24HD

— PROFILE 北海道出身的插畫家。現居東京。以 VOCALOID 相關插畫為始，創作書籍裝幀插畫等工作。

— COMMENT 感謝刊登我的作品！我的主要工作內容是書籍與 VOCALOID 的插畫，今年也要繼續快樂的畫下去。

1 「ボカロで覚える中学理科（MUSIC STUDY PROJECT）（利用VOCALOID學習中學理科）」封面插畫 / 2016 / 學研 PLUS
2 「ボカロで覚える中学歴史（MUSIC STUDY PROJECT）（利用VOCALOID學習中學歷史）」封面插畫 / 2016 / 學研 PLUS
3 創作示範用插畫 / 2015 / Wacom、pixiv

チヤキ | CHAKI

— URL chakichaki.net
— Twitter chackiin
— E-MAIL chakichakirunner@hotmail.co.jp
— TOOL 代針筆 / SAI / Bamboo
— PROFILE 熊本縣出身，現居東京。擅長女性、動物與時尚主題的插畫。喜歡鯊魚和炸雞。
— COMMENT 我畫畫時，會先決定好要畫的顏色，儘量不使用太多其他的顏色，畫出帶點霧面的感覺。我的畫風特色，應該是角色所穿著的衣服與花紋、髮型等等吧。我插畫中的衣服與小東西，基本上是以我虛構的自創品牌為設定而畫的，希望大家能注意到。關於今後的展望，我今年才剛開始畫隨筆漫畫，希望能有更多相關作品，此外也想嘗試裝幀插畫與書籍插圖相關的工作。

1 2
3 | 4

1 「my bicycle」Personal Work / 2016
2 「スイカ (暫譯：西瓜)」Personal Work / 2016
3 「パンダガール (暫譯：熊貓女孩)」Personal Work / 2016
4 「MONKEY MAJIC」Personal Work / 2016

チヤキ

壺也 | TSUBONARI

— URL psuke2pop.jimdo.com — Twitter tsubonari_8

— E-MAIL tsubo82pop@gmail.com

— TOOL SAI / CLIP STUDIO PAINT PRO / Photoshop CC / Intuos Pro / 毛筆 / 墨汁

— PROFILE 1995 年生。作品以網路為主，是活躍於日本關東與關西的自由接案插畫家。利用所學的日本傳統工藝技術創作，2014 年起於個人網站開始連載漫畫。

— COMMENT 我很重視只有我自己才能創作出來的獨特世界觀，以及融合日本與中國風格的古典配色。另外，我在畫畫時，也很講究中性妖豔的人物與表情。我的主題涵蓋地下文化、次文化、戀物癖、黑暗幻想、怪誕風格等，最近則是「傳統唯美頹廢日式中國風」，例如骷髏或是枯萎的蓮花等等會讓人聯想到死亡的主題。關於今後的展望，希望能有機會創作發揮個性的角色設計、裝飾設計與書籍的裝幀等工作。

1
2 3 4

1 「殺し屋煙管の少年（暫譯：抽著煙管的男孩殺手）」Personal Work / 2016
2 「MIND'S EYE」Personal Work / 2015
3 「華吹き童女（暫譯：吹花的童女）」Personal Work / 2015
4 「NO TITLE」免費刊物與海報用插畫 / 2016 / Tokyo Otaku Mode

神社

DS マイル | DS MILE

— URL www.pixiv.net/member.php?id=795196 — Twitter DSmile9
— E-MAIL mkt.dsmile@gmail.com
— TOOL Photoshop 7 / SAI / Intuos Pro

— PROFILE 我應該算是個插畫家吧。我來自宇宙的彼端，為了與地球人成為好朋友，每天都在努力。

— COMMENT 我畫畫時重視細節，講求衣服的「服貼感」。我好像不太適合有大量裸露的插畫，所以很少畫那樣的作品，但為了能確實地表現出女性身體曲線，我畫衣服時會適當地調整衣服皺摺的服貼感。關於未來的展望，希望能有機會嘗試動畫方面及與重要企劃的角色設計等工作。另外，如果有機會的話，我也想試著畫畫看短篇漫畫。

1 2
3 4

1 「Festival」Personal Work / 2016
2 「Summer Vacation」Personal Work / 2016
3 「Japanese Girl」Personal Work / 2016
4 「Waldeinsamkeit」Personal Work / 2016

TCB

— URL tigercatbell.wix.com/tcb-akuyaku — Twitter tcb0

— E-MAIL tigercatbell@yahoo.co.jp

— TOOL SAI / ComicStudio Pro 4 / FAVO

— PROFILE 從事裝幀插畫、CD 封套、TV 與社群遊戲等的插畫工作，另外有與童話化妝品系列的合作，最近也有漫畫方面的工作。主要的工作有《イケメン革命 アリスと恋の魔法（帥哥革命 愛麗絲與戀愛魔法）》（CYBIRD）的角色設計、《感染×少女》（GA 輕小說）、《愛は歴史を救う（暫譯：愛能拯救歷史）》（集英社 J-BOOKS）的裝幀插畫等。

— COMMENT 我畫畫時，會特別注意的是如何讓角色的心情表現在表情上。我個人喜歡絕望氛圍的插畫，會特別注意在運用一些小東西讓這類的畫的呈現方式能有更多涵義。今後我想在插畫與漫畫的工作上持續努力，此外因為個人喜歡病態氛圍的畫，也希望能畫更多恐怖氣氛的畫。雖然我也很喜歡畫百合或 BL 方面的插畫，但是還沒有這方面的工作機會，也希望能有機會嘗試看看。

1 2 | 3 4

1 「黑百合」Personal Work / 2016
2 「シザーハンズ（暫譯：剪刀手）」商品插畫 / 2016 / Thank You Mark
3 「感染×少女第二集」裝幀插畫 / 2016 / SB Creative
4 「猛毒」Personal Work / 2016

aphrodisiac
POISON
No.3
POISON
No.2
aphrodisiac
POISON
No.1
POISON
POISON
No.4

手暮ケイ | TEGURE kei

— URL sktgr.tumblr.com — Twitter Ktgr_

— E-MAIL kei.csms@gmail.com

— TOOL CLIP STUDIO PAINT PRO / Intuos 4

— PROFILE 2013 年開始自由接案。喜歡海、狗狗、搖滾樂與電影。

— COMMENT 畫人物的時候，我希望能畫出讓人想與之戀愛的感覺。我希望比起「畫」的本身，觀眾能對「畫中人」更有印象。為了不讓主題變得虛有其表，我很注重讓一個個物件自然存在的感覺。在日常生活中，我也經常在思考自己喜歡的是什麼。在畫中，我最講究的是「眼睛」。即使只有眼睛被記住了，我也覺得很開心。關於今後的展望，如果能有帥氣氛圍或與書籍相關的工作，感覺會很有趣。

1 2
3 4

1 「Where is my mind?」Personal Work / 2015
2 「漂白」Personal Work / 2015
3 「水月鏡花」Personal Work / 2015
4 「Watchdog」Personal Work / 2016

Watchdog

出水ぽすか | DEMIZU posuka

— URL posuka.iinaa.net
— Twitter DemizuPosuka
— E-MAIL posuka2009@gmail.com
— TOOL Photoshop CS4 / Cintiq 13HD
— PROFILE 我每天都在畫畫。
— COMMENT 我很重視畫中的世界觀。今後也想繼續畫出更多的畫。

1 2
3 4 5

1 「遊ぼうか（暫譯：來玩吧）」Personal Work / 2016
2 「まず本屋へ行こう（暫譯：先去一下書店）」Personal Work / 2016
3 「彼女は何を恐れている（暫譯：她在害怕著什麼）」Personal Work / 2016
4 「ブルーライト（暫譯：藍光）」Personal Work / 2016
5 「守られていたかもしれない（暫譯：也許被保護著）」Personal Work / 2016

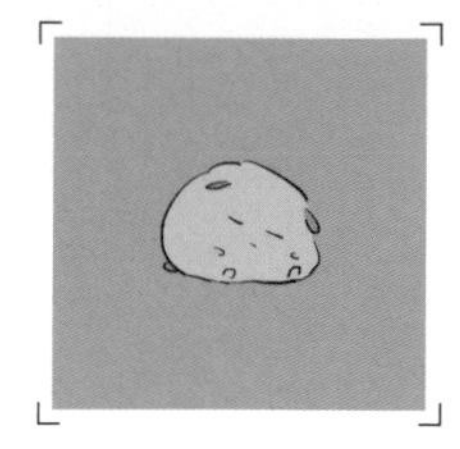

問七 | TOINANA

— URL toinana.tumblr.com — Twitter toinana7

— E-MAIL similemeta@gmail.com

— TOOL Photoshop CS5 / Illustrator CS5 / SAI / Intuos 4

— PROFILE 愛知縣出身。活躍在遊戲、書籍、網路等各種領域。

— COMMENT 我喜歡思考主角的衣服與裝飾，擅長非日常的夢幻時尚，想畫出自己也想穿、看起來不錯的衣服。我的畫風特色是平面化的配置，或許是因為我喜歡將人物與主題配置於畫面上，而常常畫這種風格吧，我的配色則以普普風與色彩豐富的配色居多。希望今後能有更多機會畫出更多不同的東西。對於衣服與用品的設計，我也很有興趣。

1 2
3 4

1 「花」Personal Work / 2016
2 「ピングの花屋（暫譯：粉紅色花店）」Personal Work / 2015
3 「ファンシー殺人探偵狂（暫譯：幻想偵探殺人狂）」Personal Work / 2015
4 「UNIVERSE」Personal Work / 2016

tono

— URL rt0no.tumblr.com

— Twitter rt0no

— E-MAIL rt0no.gra@gmail.com

— TOOL Photoshop CS5 / SAI / Intuos 4

— PROFILE 1988 年生，現居東京都。畢業於桑澤設計研究所，在小型出版社工作，同時創作個人作品，以妖精、女巫、森林裡的動物們等童話幻想世界為題材，畫出充滿故事性的世界。

— COMMENT 在我所有的作品中，我想畫的都是某個故事中的某個場景，希望透過作品中描繪的世界和角色來了解那個故事。創作時，我很重視給觀眾的第一印象與氛圍，會特別注意加強畫中必要的地方，同時避免整體太過紛亂。此外，我也很重視在黑暗之處的光亮、柔和畫面中的暗處，加入像這樣低調的對比，讓故事性更強。今後有機會的話，想試試看這樣的工作。

1 2
3 4 5

1 「冬の足跡（暫譯：冬日足跡）」Personal Work / 2013
2 「回る（暫譯：旋轉）」Personal Work / 2016
3 「物書き（暫譯：寫作）」Personal Work / 2014
4 「星明かり（暫譯：星光）」Personal Work / 2015
5 「黒のお茶会（暫譯：黑色茶會）」Personal Work / 2015

友野るい | TOMONO rui

— URL ririririririririrrrrrr.blog80.fc2.com — Twitter kyame

— E-MAIL pulupulu_gene@yahoo.co.jp

— TOOL Photoshop CS5 / Intuos 5

— PROFILE 自由接案者。不論是現代物品、機械、奇幻、背景藝術、角色、武器還是道具，我什麼都畫。若有工作委託，請盡情與我聯絡。

— COMMENT 我注重的是如何客觀地傳達我的想法。我會盡可能地選擇大眾共通了解的事物來當作象徵，另一個重點則是我想創造出在角色外表以外的價值，例如「帥氣」、「可愛」、「性感誘人」之外的象徵。說到今後的展望，由於我現在的工作大多是單篇插畫，和我的世界觀沒有太大關係，我很希望能有表現個人世界觀的工作機會。此外，希望之後的作品不再依附於漫畫、動畫與遊戲中的表現，而要增加其他的媒體，畫出更多大眾共通了解的事物，擴展工作領域。

1 「一服（暫譯：抽一口菸）」Personal Wrok / 2016

2 「羽化」Personal Work / 2016

3 「ドールマスターの一人遊び（暫譯：人偶師的一人遊戲）」Personal Work / 2016

ともわか | TOMOWAKA

— URL 7kwmt24.jimdo.com — Twitter a0PH

— E-MAIL kk24xoxwmt@gmail.com

— TOOL CLIP STUDIO PAINT PRO / Photoshop CS6 / Illustrator CS6 / Intuos Pro

— PROFILE 愛媛縣出身，現居大阪。以關西為中心，活躍於現場販售會、展示會、寄售等創作活動。夢想是養貓與法國鬥牛犬。

— COMMENT 我的目標是創作出簡潔又酷，色彩不多但是搶眼的插畫，以及就像故事場景般，能讓人想像背景故事的插畫。我的畫風特色應該是線條分明，還有只用三、四種色系的部分吧。關於今後的展望，我想嘗試裝幀插畫與書籍插圖這類與紙媒體相關的工作，以及與其他藝術家合作等等。

1 「金子堂」Personal Work / 2014
2 「未確認浮遊物体（暫譯：未確認的浮游物體）」Personal Work / 2016
3 「解体屋（暫譯：拆解業者）」Personal Work / 2016
4 「目玉蟲（暫譯：眼球蟲）」Personal Work / 2014

とんぼせんせい | TOMBOSENSEI

— URL www.tombosensei.com — Twitter tombosensei

— E-MAIL tombosenseition@gmail.com

— TOOL Illustration CS6 / Intuos 4 / 壓克力顏料 / POSCA 麥克筆

— PROFILE 「不論是哪裡，只需要三條線就可以畫出來」，我就是貫徹這個概念，將人物、動物、風景、商品等所有一切畫出來的插畫家。活躍於各種創作領域，包括參加個展 / 聯展、提供企業 / 出版社插畫、擔任工作室講師及座談會的司儀等等。

— COMMENT 我創作時在乎的是「是否會受到歡迎？」說到今後的展望，希望我的畫能成為被廣泛年齡層支持的時代象徵。

ねごと

1	2	
3	4	5

1 「ねごと（暫譯：夢話）」巡迴演唱會周邊商品插圖 / 2016 / Sony Music Artists
2 T 恤用插畫 / 2016 / CINRA.STORE
3 「きゃにゅおんず（Canewons）」PONY CANYON（波麗佳音股份有限公司）官方吉祥物 / 2016 / PONY CANYON
4 「DO the right thing」Personal Work / 2016
5 T 恤用插畫 / 2016 / TOYBOY

直江まりも | NAOE marimo

— URL www.kpland.com

— Twitter —

— E-MAIL marimo@kpland.com

— TOOL Photoshop CS2 / SAI / Intuos 3

— PROFILE 從事插畫或漫畫的工作，此外也有接商管類書籍內的插圖等工作。

— COMMENT 我重視的是畫出可愛又帶點性感的角色，無論男女皆如此。我的畫風特色應該是可愛中又帶點小惡魔的圖樣吧。關於今後的展望，有機會的話，我也想嘗試奇幻風或是以歷史為本的世界觀之類的作品。

1 2
3 4

1 「後見人は不機嫌な伯爵（暫譯：監護人是陰沈的伯爵）／荷鴣」裝幀插畫 / 2016 / HarperCollins Japan
2 「誓言嫁 –クリムゾン・ヴァンパイア（暫譯：誓言新娘 –深紅・吸血鬼）／夏目翠」裝幀插畫 / 2015 / 中央公論新社
3 「パリの舌人形（暫譯：來自巴黎的舌人形）／長島慎子」裝幀插畫 / 2014 / KADOKAWA
4 「偏愛ストーリーテラーズ（暫譯：偏心的說書人們）／小野上明夜」扉頁插畫 / 2015 / KADOKAWA

長尾智子 | NAGAO tomoko

— URL www.tomokonagao.info
— Twitter —
— E-MAIL info@tomokonagao.info

— TOOL Illustrator CS4 / 噴漆 / 油彩

— PROFILE 現居義大利米蘭。以義大利、歐洲、香港為中心，在各地舉辦展覽。主要的展覽經歷是在「Botticelli Reimagined in Gemaldegalerie Berlin」、「Botticelli Reimagined V&A London」的畫展。

— COMMENT 用我自己的觀點，運用符號與象徵，將西洋美術史與宗教中的經典畫作（例如波提且利、卡拉瓦喬，委拉斯開茲的作品）與經典題材（例如莎樂美，基督，瑪麗亞，馬格達萊納等）轉化為描述現代社會的作品，在其中融入現代・資本主義・大量消費・全球化社會等概念，我希望大家可以從這些作品中看見些什麼。關於今後的展望，希望能在各式各樣的媒體上發表作品，巧妙運用數位與手繪技巧，發展出新世代的藝術。

1 「I eonardo da Vinci- The Last Supper with mc, easy jet, coca-cola, Nutella, esselunga, IKEA, google and Ladygaga」
Personal Work / 2013 / ©2013 TOMOKO NAGAO

2 「Botticelli – The Birth of Venus with back, esselunga, braille, PSP and easyjet」
Personal Work / 2012 / ©2012 TOMOKO NAGAO

3 「Delacroix – La liberate guidnat le peuple with Cinderella, Snow White, Seven Dwarfs, louisvuitton, chanel, tampax, michelin, danone, airBus, l'oreal, the louvre, Fukushima and Google」
Personal Work / 2015 / ©2015 TOMOKO NAGAO

1
2 | 3

Google internet explore
ウェブ 画像 動画 地図 ニュース ショッピング Gmail もっと見る ▼
DANONE
N°5
CHANEL
PARIS
PARFUM
AIRBUS BELUGA
MICHELIN
TAMPAX
L'ORÉAL
ELVIVE
DAMAGECARE
CHANEL

中村至宏 | NAKAMURA yukihiro

— URL www.yukihiro-nakamura.com — Twitter yukihiro_n

— E-MAIL nakamura@rillfu.com

— TOOL Photoshop CS6 / Painter 2016 / Intuos 4 / 壓克力顏料 / 壓克力顏料輔助劑

— PROFILE 畫家 / 插畫家。京都出身，現居東京。創作裝幀插畫與書籍插圖、CD 封套插畫等。於日本各地發表繪畫作品。

— COMMENT 我的作品以平靜且具安定感的構圖居多，我經常思考如何呈現給人舒適感的構圖與配色方式，因此我的畫常常瀰漫著這樣的印象。我喜歡具有漂浮感、永恆的寧靜、灰暗光影與逆光。關於未來的展望，希望能不被風格所限，獲得以裝幀插畫、CD 封套為主的各類工作機會。另外，也希望能定期舉辦展覽活動。

1 2
3 4 | 5

1 「not going away」Personal Work / 2013
2 「活版印刷三日月堂星たちの栞（暫譯：活版印刷三日月堂星星們的書籤）/ ほしおさなえ」裝幀插畫 / 2016 / Poplar Publishing Co., Ltd)
3 「星を撃ち落とす（暫譯：擊落星星）/ 友桐夏」裝幀插畫 / 2015 / 東京創元社
4 「オンガクノ光 EP（暫譯：音樂之光 EP）/ 空中ループ」CD 封套插畫 / 2010 / 空中ループ
5 「卯月の雪のレター・レター（暫譯：四月雪之信）/ 相沢沙呼」裝幀插畫 / 2016 / 東京創元社

ナナカワ | NANAKAWA

— URL 7kawa.com
— Twitter 7_kawa
— E-MAIL nnmu777@gmail.com

— TOOL Photoshop CC / Intuos 5

— PROFILE 京都府出身，現居東京都的插畫家。作品以數位插畫為主，也有手繪作品。目前除了在活動與合作商店中販售原創商品，也活躍於書籍裝幀插畫與 CD 封套等領域。

— COMMENT 我在選擇創作主題時，大多是選擇實際存在的東西，像是身邊的物品、動物或食物等，然後和女孩組合在一起。如果想要讓作品變得更迷人，我會注重其構圖與背景，讓它成為具有故事性的作品。另外，如果是之後計畫製作延伸商品的作品，我會畫成以女孩為主軸的立體畫系列風格。我非常注重配色，會選擇自己覺得舒服的顏色。關於今後的展望，為了能在 CD 封套、裝幀插畫與書籍插圖的領域上更加活躍，我會繼續努力！

1 2
3 4 | 5

1 「totem dance」Personal Work / 2016
2 「おやすみ TOWN（暫譯：晚安 TOWN）」Personal Work / 2016
3 「さよなら PERK（暫譯：再見 PERK）」Personal Work / 2016
4 「立ち絵シリーズ（暫譯：人物站立圖系列）[和]」Personal Work / 2016
5 「KING」Personal Work / 2016

西 雄大 | NISHI yudai

— URL nishiyudai.tumblr.com — Twitter —

— E-MAIL nishiyudai1124@gmail.com

— TOOL Photoshop CS5 / Illustrator CS5 / 壓克力顏料

— PROFILE 1991 年生於愛知縣。2014 年畢業於京都精華大學設計學院視覺設計系插畫組。於就學期間開始創作，目前以東京為活動據點。以創作作品為主，活躍於各種領域，包括舉辦個展或參加聯展、為企業提供作品、推出延伸商品等等。

— COMMENT 我創作時重視第一印象，會盡量不預設任何概念去畫。我的作品特色與其說簡潔，更像是偏向簡單與流行吧。關於今後的展望，我沒有樹立具體目標，而是想暫時專注在創作作品上。希望之後無論是活動獲得的評價或挑選客戶，都能不計好惡、讓自己更精進。

1 | 2
  | 3

1 「NO TITLE」Personal Work / 2014
2 「NO TITLE」Personal Work / 2014
3 「NO TITLE」Personal Work / 2014

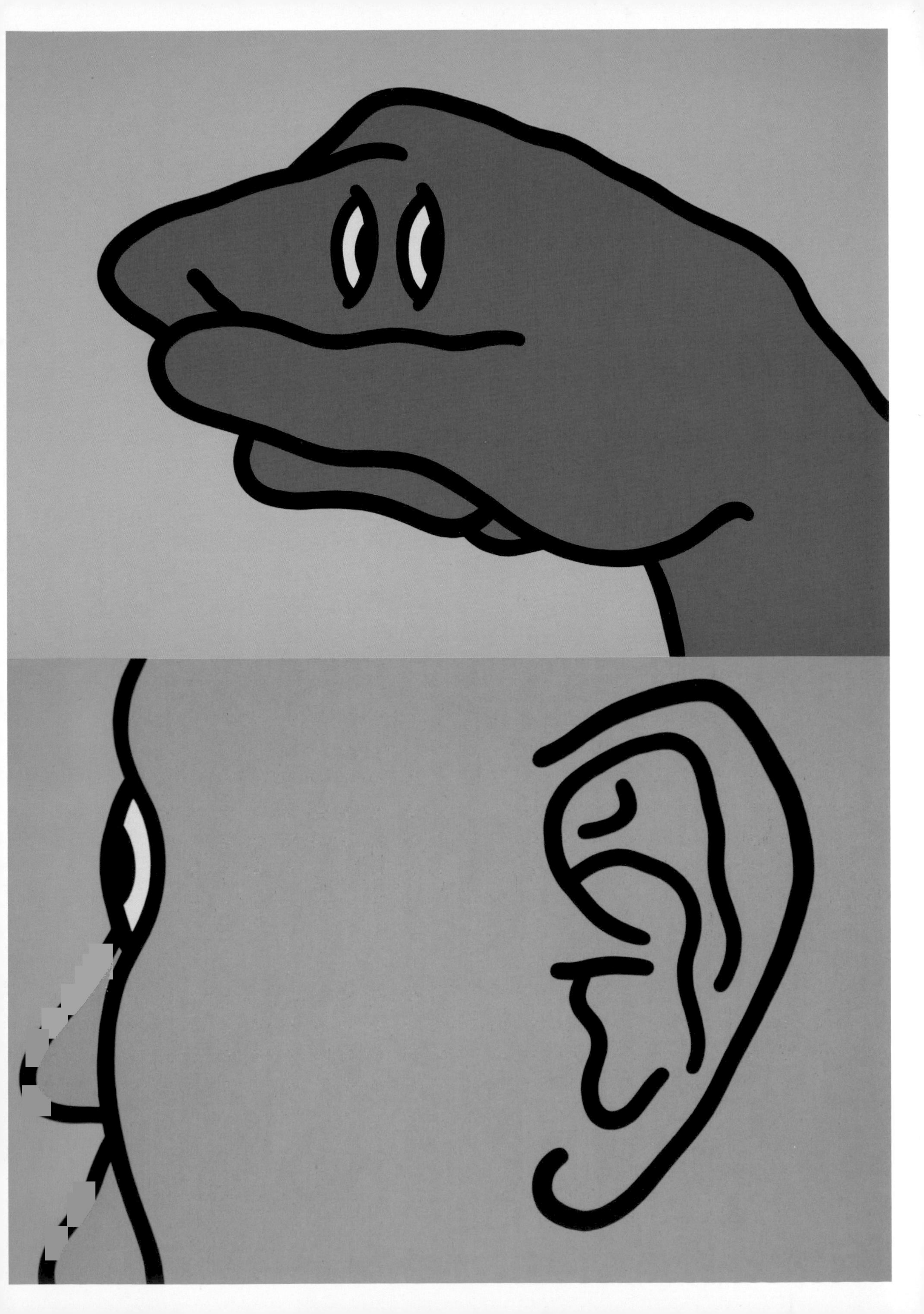

西ノ田 | NISHINODA

— URL www.pixiv.net/member.php?id=674653 — Twitter nishinoda

— E-MAIL nishinoda3333@gmail.com

— TOOL CLIP STUDIO PAINT PRO / Intuos Pen & Touch

— PROFILE 我總是在畫畫。曾獲「第 20 屆電擊插畫大獎」選考委員特別獎。主要工作是創作插畫，此外還有在畫廊展出與角色設計等工作。

— COMMENT 我畫畫時，會特別講究輪廓的平衡與配色，我非常喜歡畫女孩。關於今後的展望，我想要創作出可以感動自己內心的概念藝術。此外，也想在藝術方面腳踏實地地創造出自己獨特的作品。最後則是希望可以永遠一直畫下去。

1 「囚われの少女 In My Room（暫譯：被囚禁的少女 In My Room）」Personal Work / 2014
2 「スクール・メモリーズ～マンガミュージアムのためのピアノ音楽～（暫譯：學校・回憶～京都國際漫畫博物館專屬的鋼琴音樂）/ 小松正史」CD 封套 / 2016 / Nekomax Music
3 「METEOR EP / 木野誠太郎」封面 / 2014 / 少女サナトリウム（暫譯：少女療養院）
4 「涙の翼（暫譯：淚之翼）」Personal Worl / 2016

1
2 3 | 4

西村ツチカ | NISHIMURA tsuchika

— URL tsuchika.exblog.jp — Twitter tsuchikamanga

— E-MAIL omshawgaye@gmail.com

— TOOL G 筆 / 開明墨汁 / Photoshop CC / Intuos comic

— PROFILE 2010 年藉由漫畫短篇集《なかよし団の冒険（暫譯：好友團大冒險）》（德間書局出版）出道成為漫畫家，並以同一作品獲得日本文化廳媒體藝術祭漫畫部門新人獎。其他的作品有《かわいそうな真弓さん（暫譯：可憐的真弓）》（德間書局出版）、《さよーならみなさん（暫譯：再見了大家）》（小学館出版）。此外，也在獨立出版社 DIORAMA BOOKS 發行的漫畫雜誌《USCA》、《DIORAMA》上發表漫畫作品。

— COMMENT 在設計書籍封面插畫的時候，我會確實讀過書的內容，再決定要畫的主題。我喜歡在畫中包含多個主題的構圖方式，但是在設計書籍封面時，如果只是將文字疊在畫上，很容易被畫埋沒而不夠明顯，因此我通常會將文字變大或加上粗邊框，設計成讓文字和插畫分離的風格。關於今後的展望、無論是插畫工作或漫畫工作，我都會兩者並行，好好努力。

1 | 2, 3

1 「VIVRE FORUS」廣告 / 2016 / VIVRE

2 「ジニのパズル（暫譯：吉尼之謎）/ 崔 実」裝幀插畫 / 2016 / 講談社

3 「すれちがう、渡り廊下の距離って（暫譯：擦肩而過，一個走廊的距離）/ ロロ」主視覺 / 2016 / ロロ

にほへ | NIHOHE

— URL nihophoenix.tumblr.com — Twitter nniihhoohhhee
— E-MAIL nihohe@kurauchi.name
— TOOL CLIP STUDIO PAINT PRO / Photoshop CS5 / Intuos Pro

— PROFILE 以少量色彩描繪出高密度世界觀的插畫家。2007 年起開始畫 CG 插畫，目前的創作涵蓋於書籍封面插畫與 CD 封套等多種媒體。

— COMMENT 我畫畫時最講究的是色彩的平衡。我的目標是透過舒適的配色，讓人第一眼看到就被吸引住。此外，我也很堅持要表現出自己的原創性，努力想要畫出他人難以模仿的主題或構圖。關於今後的展望，由於目前為止我都是創作背景密度非常高的作品，今後希望也能創作一些出只有人物的作品。

1 2
3 4

1 「建築知識 2015 年 6 月號」封面 / 2015 / X-Knowledge
2 「愛島雜貨店（暫譯：愛島雜貨店）/ みきとP」CD 封套 / 2016 / EXIT TUNES /

3 「建築知識 2015 年 7 月號」封面 / 2015 / X-Knowledge
4 「建築知識 2015 年 8 月號」封面 / 2015 / X-Knowledge

庭 春樹 | NIWA haruki

— URL niwa-uxx.tumblr.com — Twitter niwa_uxx

— E-MAIL niwa_uxx@yahoo.co.jp

— TOOL Photoshop CS4 / SAI / Cintiq 13HD

— PROFILE 現居大阪府。擔任《サンタクロースのお師匠さま（暫譯：聖誕老人的師傅）》、《駄菓子屋凸凹堂と魔女のドロップ（暫譯：柑仔店凸凹堂與女巫的糖果）》、《夜ふかし喫茶どろぼう猫（暫譯：深夜茶館小偷貓）》等輕小說的裝幀插畫與插圖。

— COMMENT 我總是畫出當下我想畫的事物，此外是對柔和色彩的堅持。我畫中的光線增減與花草色彩則是參考印象派的作品。關於今後的展望，由於我才剛開始以「庭春樹」這個名字嶄露頭角，希望我能慢慢地累積更多的作品。現在雖然只有插畫方面的作品，希望之後也能畫些漫畫方面的創作。

1 「駄菓子屋凸凹堂と魔女のドロップ（暫譯：柑仔店凸凹堂與女巫的糖果）/ 道具小路」裝幀插畫 / 2015 / KADOKAWA、富士見 L 文庫

2 「golden days」Personal Work / 2016

3 「サンタクロースのお師匠さま石蕗と春菊ひとめぐり（暫譯：聖誕老人的師傅石蕗與春菊的整年時光）/ 道具小路」裝幀插畫 / 2014 / KADOKAWA、富士見 L 文庫

4 「夏を泳ぐ獣（暫譯：徜徉於夏季的野獸）」Personal Work / 2016

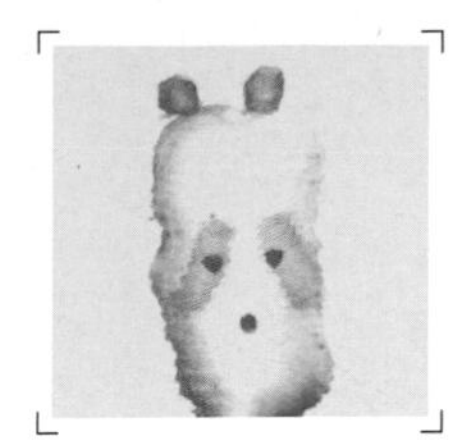

ヌトグラン | NUTOGURAN

— URL nutoguran.com — Twitter nutoguran
— E-MAIL nutoguran@gmail.com
— TOOL Photoshop CC / Illustrator CC / Intuos 3 / 壓克力顏料

— PROFILE 1988 年生。畢業於北海道藝術設計專門學校。入選「The Choice」15 年度獎。除了創作個人作品，也活躍於雜誌插畫與雜貨設計等領域。創作主題是像玩具般奇異又可愛的插畫。

— COMMENT 不只是一般看到的「可愛」，而是要讓人覺得「這是什麼啊！但是好可愛！」，我的目標就是創作出像這樣不可思議又可愛的插畫。我的畫裡會有毛茸茸的像用毛絨鐵絲做的四肢、如串珠般有光澤的眼睛、塑膠般的花草等等，運用這些像玩具般的素材畫出如同在玩扮家家酒的世界。我的創作主題與故事雖然大多是現實中存在的事物，但我會畫成像玩具般，不像真的的感覺，我想表現出不可思議的違和感與詭異的可愛感。關於今後的展望，希望能有機會嘗試書籍相關的工作與雜貨設計、角色設計之類的工作。

1 2
3 4 | 5

1 「スケーニャー（暫譯：厲害的貓咪）」PEros also Work / 2016
2 「カチコチザウルス（暫譯：冰天雪地的南極）」Personal Work / 2015
3 「ぽょん（暫譯：彈起來）」Personal Work / 2015
4 「小さなパンをシェアする妖精（暫譯：分享著小小麵包的精靈）」Personal Work / 2015
5 「マウスウォッシュマウス（暫譯：Mouthwash Mouse / 漱口水老鼠）」Personal Work / 2015

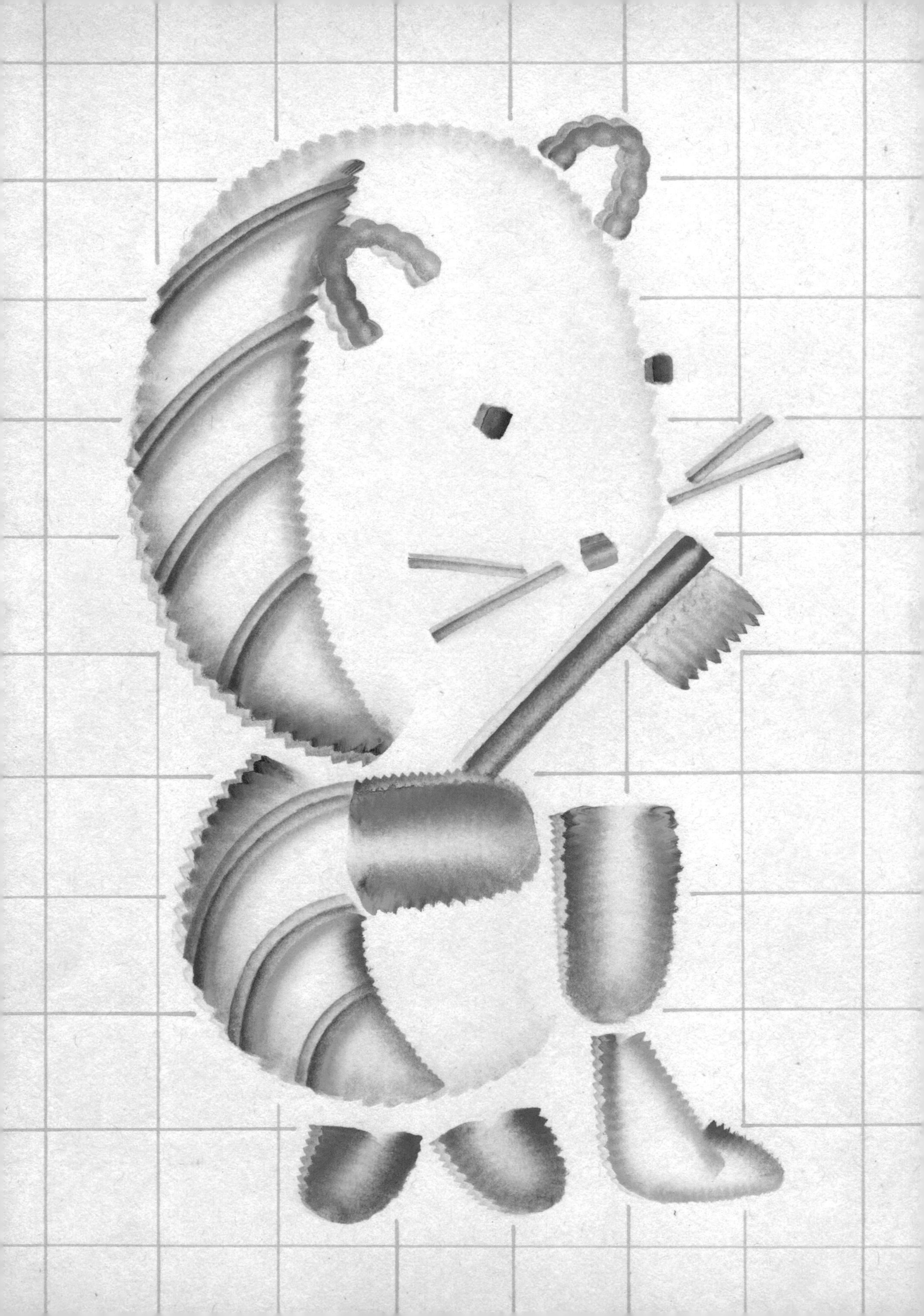

neco

— URL pixiv.me/yucca-612 — Twitter neco_person

— E-MAIL necopaint09@gmail.com

— TOOL Photoshop CS6 / Illustrator CS4 / CLIP STUDIO PAINT PRO / Cintiq 13HD

— PROFILE 自由接案插畫家。創作以角色設計與插畫為主。

— COMMENT 希望畫出讓人第一眼就被吸引的作品，此外我也希望連作品的細節都能讓人回味。我的畫風特色應該是兼顧設計與現代品味的組合吧。今後會繼續做各式各樣的插畫相關工作，同時也希望繼續建立自己的世界觀與人物設定等等。

1 「重兵装型女子高生・壱（暫譯：重武器裝備女高中生・壹）」Personal Work / 2016
2 「重兵装型女子高生・伍（暫譯：重武器裝備女高中生・伍）」Personal Work / 2015
3 「重兵装型女子高生・陸（暫譯：重武器裝備女高中生・陸）」Personal Work / 2016
4 「HATSUNE MIKU EXPO 2016 Japan Tour」主視覺 / 2016 / ©Crypton Future Media, INC. www.piapro.net piapro

猫将軍 | NEKOSHOWGUN

— URL nekoixa.com — Twitter nekoixa
— E-MAIL nekoshowgun@nekoixa.com

— TOOL Photoshop CC / 色鉛筆

— PROFILE 活躍於插畫、角色設計、街頭塗鴉創作等領域。定期於大阪 DMOARTS 藝廊舉辦個展。

— COMMENT 我畫畫時不只是人物，連畫動物、昆蟲或物品的時候，也會很注意「表情」的表現。我很注意畫面整體的線條流暢度、對比平衡感，將手稿匯入電腦用 CG 上色時，也會注意保留一些手繪的感覺。我在用 CG 上色時，會有點刻意地區分為兩種風格：華麗著色的插畫與接近單色的手繪插畫。我畫的題材大多是寶石、昆蟲、動物、甜點、女性角色等等。今後想專注於手繪作品上。

1 2
3 4 5 | 6

1 「ANT」Personal Work / 2016
2 「MEAT」Personal Work / 2016
3 「CAKE」Personal Work / 2016
4 「red」『虚ろの国のアリス展（暫譯：虛幻王國的愛麗絲展）』參展插畫 / 2016 / Vanilla Gallery
5 「black」『虚ろの国のアリス展（暫譯：虛幻王國的愛麗絲展）』參展插畫 / 2016 / Vanilla Gallery
6 「queen of hearts」『虚ろの国のアリス展（暫譯：虛幻王國的愛麗絲展）』參展插畫 / 2016 / Vanilla Gallery

Neko

ねこ助 | NEKOSUKE

— URL nekosuke-oxo.tumblr.com — Twitter m_oxo

— E-MAIL nmmoxo@gmail.com

— TOOL Photoshop CS2 / Intuos 4

— PROFILE 鳥取縣出身。在網路上發表作品。曾在《季刊エス VOL. 47》(飛鳥新社)刊登插畫。其他還有 CD 封套與參加企劃展等工作。

— COMMENT 我非常喜歡畫人的肌膚、表情以及動物等主題。我很重視夢幻中帶點現實的感覺，我的畫風特色或許就是「顏色」吧。我理想中的畫風是將日本風與西洋風互相融合的。我喜歡將人與人、人與動物這樣的羈絆畫入作品中。關於今後的展望，由於我喜歡搭配故事來畫圖，希望能有機會試試裝幀插畫與書籍插圖。

1 2
3 4 5

1 「HALLOWEEN PARTY！」Personal Work / 2015
2 「白い吸血鬼(暫譯：白色吸血鬼)」Personal Work / 2016
3 「秋彼岸(暫譯：秋天的彼岸花)」Personal Work / 2015
4 「白い吸血鬼_食卓(暫譯：白色吸血鬼_餐桌)」Personal Work / 2016
5 「真昼の忠誠(暫譯：正午的忠誠)」Personal Work / 2014

ノビル | NOBIRU

— URL nobile1031.tumblr.com — Twitter nobile1031

— E-MAIL nobile1031@yahoo.co.jp

— TOOL Photoshop CC / CLIP STUDIO PAINt PRO / SAI / Intuos 3 / 原子筆 / 沾水筆

— PROFILE 1991 年 10 月 31 日出生於愛知縣。漫畫家 / 插畫家。現正於網路媒體「MarkeZine」(翔泳社) 上連載漫畫。

— COMMENT 我想畫出「可以在觀眾心裡留下什麼」的作品，例如看了覺得美美的，覺得開心的，覺得很有活力的，我會努力畫出像這樣的畫。在工作方面，我重視的是在了解客戶的形象後，如何用作品傳達出它的魅力。說到我的作品特色，常有人說是線條、縱長形的眼睛與動態感。所謂的具有動態感的插畫，是我從平常塗鴉時就經常在畫的，尤其是頭髮與姿態的動作表現。我很喜歡看舞蹈表演，從中學到很多。關於今後的展望，希望能有機會畫到裝幀插畫與書籍插圖、廣告與 CD 封套等，各式各樣的插畫。

1 2
3 4

1 「待ち合わせ (暫譯：等人)」Personal Work / 2015
2 「PLOTTER vol.7」封面插畫 / 2016 / PRINTGEEK、clocknote.
3 「波紋 (暫譯：漣漪)」『REFLECTION-クリエイターの休日-(REFLECTION-創作者的假日-)』參展插畫 / 2015 / DeNA
4 「多視点少女 (暫譯：多視點少女)」Personal Work / 2015

灰庭結李 | HAIBA yuri

— URL haiba-yuri.tumblr.com
— Twitter haiba_yuri
— E-MAIL haibayuri@yahoo.co.jp

— TOOL Photoshop CC / Intuos 3

— PROFILE 創作以畫廊的聯展與企劃展為主，自學繪畫。

— COMMENT 我畫畫時，會不斷從錯誤中學習，像是如何表現出東西在那裡的氛圍與呼吸等等，我很重視將心中某處令我懷念的記憶風景畫出來。我喜歡的畫風是帶點寂寞、淡淡霧霧的柔和風格。關於今後的展望，我的夢想是希望能有裝幀插畫與書籍插圖之類的工作機會。

	1	4
2	3	5

1 「昼下がり（暫譯：午後）」Personal Work / 2014
2 「散步」Personal Work / 2015
3 「夏の日」Personal Work / 2015
4 「白昼夢（暫譯：白日夢）」Personal Work / 2013
5 「秘密の抜け道（暫譯：通往秘密的捷徑）」Personal Work / 2015

氷
茶屋＊甘味処
葵屋
抹茶
あんみつ
くずもち
ようかん
茶屋
葵屋
甘味処

はしゃ | HASYA

— URL hasya.nomakijp

— Twitter hasya31

— E-MAIL cake226ss@gmail.com

— TOOL CLIP STUDIO PAINT PRO / Cintiq 24HD / Cintiq Companion 2 / 原子筆

— PROFILE 新潟縣出身。喜歡畫畫、吃飯和旅行。作品主要是書籍裝幀插畫、連載漫畫與遊記等。

— COMMENT 我畫畫時重視整體氛圍，想要在畫中傳達出視覺以外的感覺，像是嗅覺、味覺與溫度，希望我可以表現出唯有繪畫才能表現出來的寧靜與煩惱。我的線稿是手繪的，所以帶點手繪感的部分應該就是我的畫風特色吧。今年有了去海外學語言學的留學經驗，希望在我看過不同國家之後可以畫些遊記。希望能將我所看到、感受到的風景與體驗，透過插畫傳達給大家。

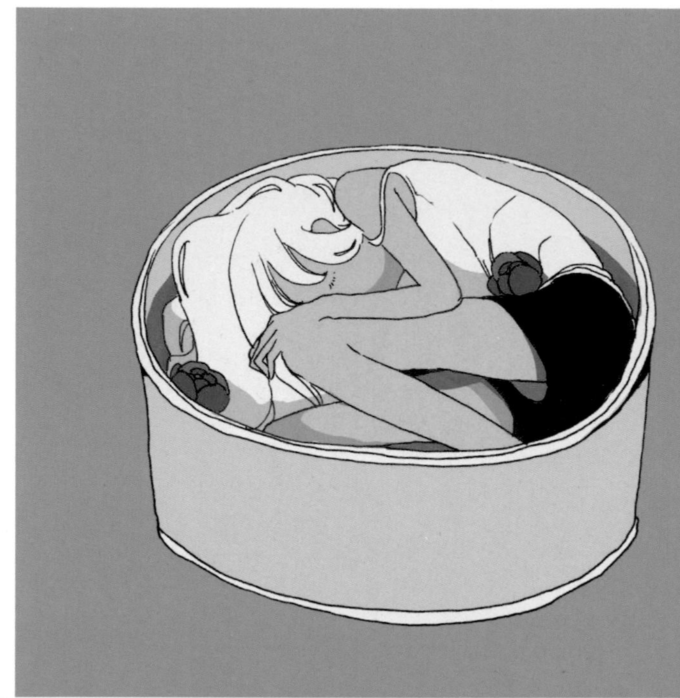

1 2
3 4

1 「夏休み（暫譯：暑假）/ 千野帽子（編）」裝幀插畫 / 2016 / KADOKAWA
2 「pale」Personal Work / 2016
3 「眠くなる前に話したいことがあと3つあって（暫譯：入睡前還想再講三件事）/ はしゃ、ちろ」同人誌封面 / 2016
4 「いつか見た夢の往き先（暫譯：曾經見過的夢境走向）」廣告 / 2016 / COMITIA

Bahi JD

— URL bahijd.tumblr.com — Twitter bahijd

— E-MAIL bahijdyo@gmail.com

— TOOL Photoshop CC / Intuos Pro

— PROFILE 1991 年生。動畫師與插畫家。作為動畫師的主要作品有《スペース☆ダンディ（Space☆Dandy 宇宙浪子）》、《攻殼機動隊新劇場版》、《坂道のアポロン（坂道上的阿波羅）》、《血界戦線（血界戰線）》、《ワンパンマン（一拳超人）》、《甲鉄城のカバネリ（甲鐵城的卡巴內里）》、《コンクリート・レボルティオ（Concrete Revolutio～超人幻想～）》等。

— COMMENT 我喜歡創作令人覺得愉快的插畫。透過角色傳達舒適和誠實的感受，希望觀眾能感受到角色的活力。對我來說，讓自己繼續進步和發展是最重要的，所以我會嘗試採取許多不同的工作方式。我希望能發展為身兼動畫師和插畫家的創作者。

1 「Snare / Cosmo's Midnight」CD 封套 / 2014 / Cosmo's Midnight
2 「MOMENTS / Cosmo's Midnight」CD 封套 / 2015 / Cosmo's Midnight
3 「20 世紀の逆襲（20 世紀的逆襲）/ 上坂すみれ」CD 封套 / 攝影：神藤剛、Stylist：佐野夏水 / 2016 / King Record Co., Ltd.
4 「Digital Harakiri / Carpainter」CD 封套 / 2015 / TREKKIE TRAX
5 「Miku（feat. HATSUNE Miku）/ Anamanaguchi」CD 封套 / 2016 / ©Crypton Future Media, INC. www.piapro.net piapro

1 2
3 4 | 5

ANAMANAGUCHI + MIKU

非 | HI

- URL xhxix.tumblr.com
- Twitter —
- E-MAIL idwttwy@gmail.com
- TOOL Photoshop CC / Intuos 3
- PROFILE 用數位技法畫人物插畫。創作以書籍裝幀插畫、CD 封套為主。
- COMMENT 我的作品以人物為主，特別注重畫男性的臉部表情。我喜歡呆滯與停滯的空氣感，最近在畫以「模稜兩可」為主題的創作。我畫畫時會避免刻劃太多，同時也會注意角色的比例是否變形等等。

1 2
3 4

1 「GIVER 復讐の贈与者（暫譯：GIVER 復仇的贈與者）/ 日野草」裝幀插畫 / 2016 / KADOKAWA
2 「acid android exhibit 2015 / acid android」複製畫海報 / AD：西田幸司 / 2015 / tracks on drugs records
3 「NO TITLE」Personal Work / 2016
4 「夏の方舟（暫譯：夏日方舟）/ 海猫沢めろん」裝幀插畫 / 2016 / KADOKAWA

稗田やゑ | HIEDA yawe

— URL　warudakumi.com　— Twitter　yawe

— E-MAIL　yawe@warudakumi.com

— TOOL　SAI / Photoshop CC / Procreate 3 / Intuos 4 / Cintiq 13HD / iPad Pro

— PROFILE　2014 年開始從事插畫工作。在公司上班的同時，也接小說的裝幀插畫、雜誌刊登用的人物插畫等工作。我是男的。

— COMMENT　我創作時重視的是，希望只看到畫中的一部分也能馬上理解，是容易懂的畫。即使是搭配故事創作的插畫，我也會盡量在保留深度閱讀的前提下，盡可能地減少元素，完成簡潔的創作。我會一邊畫一邊祈禱觀眾不會看不懂，另外，上色是我特別花時間的部分，我會盡量減少用色、透過色彩表現出氣溫和體溫、空氣的混濁度和季節感等等，可以說是我最喜歡的工作流程。關於今後的展望，希望能不論好惡地參與各種各樣的工作，我最大的目標是畫小說的裝幀插畫與插圖，特別是懸疑或恐怖類型的作品。

1 2 / 3 4 | 5

1 「雨煙る（暫譯：煙雨濛濛）」Personal Work / 2016

2 「声の記憶（暫譯：聲音的記憶）」Personal Work / 2014

3 「幽霊のゆーこちゃん」（暫譯：幽靈 YUKO）Personal Work / 2015

4 「ハローサマー、グッドバイ（暫譯：哈囉夏天，再見）」Personal Work / 2015

5 「弾丸にくちづけを（暫譯：親吻子彈）」Personal Work / 2013

HIZGI

— URL hizgi19.tumblr.com — Twitter HIZGI
— E-MAIL hizgi19@gmail.com
— TOOL COPIC 麥克筆 / 原子筆 / 針筆 / 色鉛筆

— PROFILE 持續畫著世界第一可愛女孩的插畫家。我在創造以「戀物・可愛」為元素的角色時，通常是運用自己的投影，以這種獨創性的手法來畫。不只在日本國內，在以美國為主的海外，我也慢慢地累積了知名度。特別是我每天都會上傳插畫並更新的 Tumblr 網站，更是獲得來自世界各地死忠粉絲的高度評價。

— COMMENT 對我來說，畫畫時最講究的是「是否可愛」這個部分。如何讓角色的臉部、身體的線條都以最好的姿態呈現。我很注重用色，會使用鮮明的色彩，想讓觀眾在第一眼看到時就留下好印象。關於今後的展望，想要持續嘗試各式各樣的工作，也想試試看 CD 封套與書籍裝幀插畫、角色設計等方面的工作。

1 2 | 4
3 | 5

1 「もが単 TALK WARS」商品設計 / 2016 / 最上もが
2 「もが単 TALK WARS」商品設計 / 2016 / 最上もが
3 「WEGO presents 6 人の絵師展（暫譯：WEGO presents 6 位繪師展）」展覽用插畫 / 2016 / WEGO
4 「あやしの保健室 1 あなたの心、くださいまし（暫譯：妖乃老師的保健室 1 請立即給我你的心）/ 染谷果子」裝幀插畫 / 2016 / 小峰書店
5 「WEGO presents 6 人の絵師展（暫譯：WEGO presents 6 位繪師展）」展覽用插畫 / 2016 / WEGO

KILL
HELL

ヒョーゴノスケ | HYOGONOSUKE

— URL hyogonosuke.com
— Twitter hyogonosuke
— E-MAIL hyo_gonosuke@hotmail.com

— TOOL Photoshop CS6 / Intuos 3

— PROFILE 是個因為興趣而當了插畫家的人。廣島縣出身，目前住在神奈川縣。

— COMMENT 我創作時最苦惱的地方就是構圖。直到畫出最好的構圖為止，不管多少次我都會重畫。另外是光影的表現，我會一邊思考著要傳達什麼給觀眾、如何傳達，一邊創作。我的畫風特色應該是陰影與細節方面的簡化風格，常有人說我的作品像剪紙畫。今後也想繼續快樂地畫畫。

1 2
3 | 4

1 「ミイラの心臓（ホラー横丁 13 番地）（暫譯：木乃伊的心臟（恐怖巷第 13 號地區））/ Tommy Donbavand（著）、伏見操（譯）」裝幀插畫 / 2012 / 偕成社
2 「牛若丸 VS 弁慶」Personal Work / 2015
3 「女の子（暫譯：女孩）」Personal Work / 015
4 「暗号クラブ 7 マジック・ランドで行方不明！？（暫譯：暗號俱樂部 7 在魔法樂園裡失蹤！？）」/ Penny Warner（著）、番由美子（譯）」裝幀插畫 / 2016 / KADOKAWA

平野実穂 | HIRANO miho

— URL mihohirano.strikingly.com — Twitter —

— E-MAIL mihohirano.strikingly.com/#contact（寄信表單）

— TOOL 油畫顏料

— PROFILE 1984 年生。2001 年畢業於武藏野美術大學油畫系。2008 起以裝飾意識為主題創作至今。

— COMMENT 我希望能透過作品表現出人心轉變與植物變化之間的虛幻連結，每天都在反覆嘗試著。我的作品中大部分都是以身邊常見的植物當作創作主題，因為我覺得透過畫平日常見到的植物，更容易感受到變幻的無常。今後我想繼續深入這個主題，希望能發現到新的表現方式。

1 「春の口笛（暫譯：春之口笛）」Personal Work / 2015
2 「心の声（暫譯：心之聲）」Personal Work / 2016
3 「Roop」Personal Work / 2016

face

— URL www.faceoka.com — Twitter —

— E-MAIL info@faceoka.com

— TOOL 水彩 / 壓克力顏料 / 鋼筆 / 色鉛筆 / Photoshop CS6 / Illustrator CS6

— PROFILE 擔任服裝品牌「Tea Party」的設計師，對當代流行的 CG 風潮感到懷疑，認為「誰都可以創造沒溫度的數位插畫」，因此從 2014 年起為了追求「只有自己才能創造的溫度」而開始手繪創作。作品包括不分類型的雜誌插圖、為鎌倉市七里ガ浜的外帶咖啡店「Pacific DRIVE-IN」繪製插畫、「渋谷 MODI」商場餐廳樓層的牆面插畫、負責伊勢丹百貨「ReStyle」店內的裝飾用插畫、為「在日 funk」樂團繪製商品插畫、負責「GREEN ROOM Fes2015」的牆面插畫等。另外還有許多與時尚品牌合作的作品，與時尚品牌的關係深遠。

— COMMENT 比起別人對我的評價，我更重視自己對自己的評價，一路走來我都是相信自己的感性而畫著。關於今後的展望，希望能有機會嘗試音樂相關的工作或是書籍裝幀方面的工作。我的最終目標是進軍海外。

1 「BLUE WORK (TOMORROWLAND) x face」店內裝飾用插畫 / 2015 / TOMORROWLAND
2 「X-girl × face」T 恤 / 2016 / B's international
3 「ISETAN ReStyel × face」店內裝飾用插畫 / 2015 / 三越伊勢丹百貨

ReStyle かける FACE

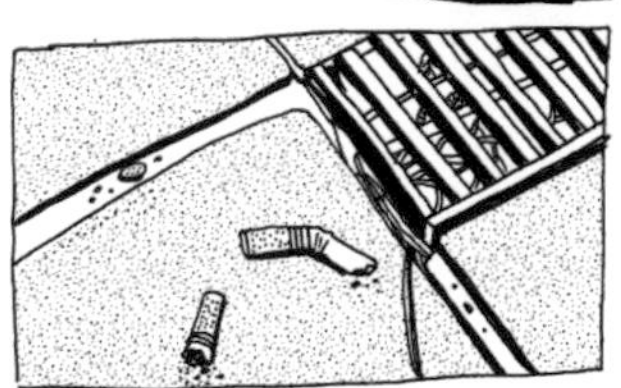

深町なか | FUKAMACHI naka

— URL bnlog.jimdo.com — Twitter monqkq
— E-MAIL naka_fkmc@yahoo.co.jp
— TOOL SAI / Photoshop CC / Intuos 5 / Cintiq Companion

— PROFILE 鹿兒島出身的插畫家。上傳到 Twitter 的插畫受到青少年族群的熱烈歡迎，其中「日常の幸せな一瞬（暫譯：日常生活中的幸福瞬間）」插畫更是獲得跨世代的高人氣。出道作品為《ほのぼのログ～大切なきみへ～》（《相愛是如此神奇～給摯愛的你～》，一迅社出版 / 2014 年）。之後出版了將插畫世界觀改編的輕小說《相愛是如此神奇 暖心四季篇章》（中文版由台灣角川出版），並於 NHK 綜合頻道播放了改編的電視動畫《ほのぼのログ》（《相愛是如此神奇》）。

— COMMENT 彷彿曾經歷過的日常生活的一幕、感到幸福的瞬間，像這樣經常發生的日常生活片段事物就是我的創作主題。為了表現畫中兩人之間的氣氛，我經常會省略背景；而畫中的人物可以說是我的理想，也可以說是我自己。我的目標是創作出讓觀眾自行解釋並感到共鳴與療癒的作品。雖然是因為戀人主題的插畫而受到注目，但我更想積極地著眼於夫婦、親子、朋友等廣泛的人際關係上。

1 「深町なか画集 II ほのぼのログ～大切なきみへ～（深町 NAKA 畫集 II 相愛是如此神奇～給摯愛的你～）」收錄的插畫 / 2016 / 一迅社
2 「深町なか画集 II ほのぼのログ～大切なきみへ～（深町 NAKA 畫集 II 相愛是如此神奇～給摯愛的你～）」收錄的插畫 / 2016 / 一迅社
3 「深町なか画集 II ほのぼのログ～大切なきみへ～（深町 NAKA 畫集 II 相愛是如此神奇～給摯愛的你～）」收錄的插畫 / 2016 / 一迅社
4 「深町なか画集 II ほのぼのログ～大切なきみへ～（深町 NAKA 畫集 II 相愛是如此神奇～給摯愛的你～）」收錄的插畫 / 2016 / 一迅社
5 「さんぽみちほのぼのログ another story（相愛是如此神奇 another story）/ 藤谷燈子（著）、深町なか（草案）」裝幀插畫 / 2016 / KADOKAWA
6 「ぼくらのきせきほのぼのログ（相愛是如此神奇 暖心四季篇章）/ 藤谷燈子（著）、深町なか（草案）」裝幀插畫 / 2015 / KADOKAWA

1 2 | 5
3 4 | 6

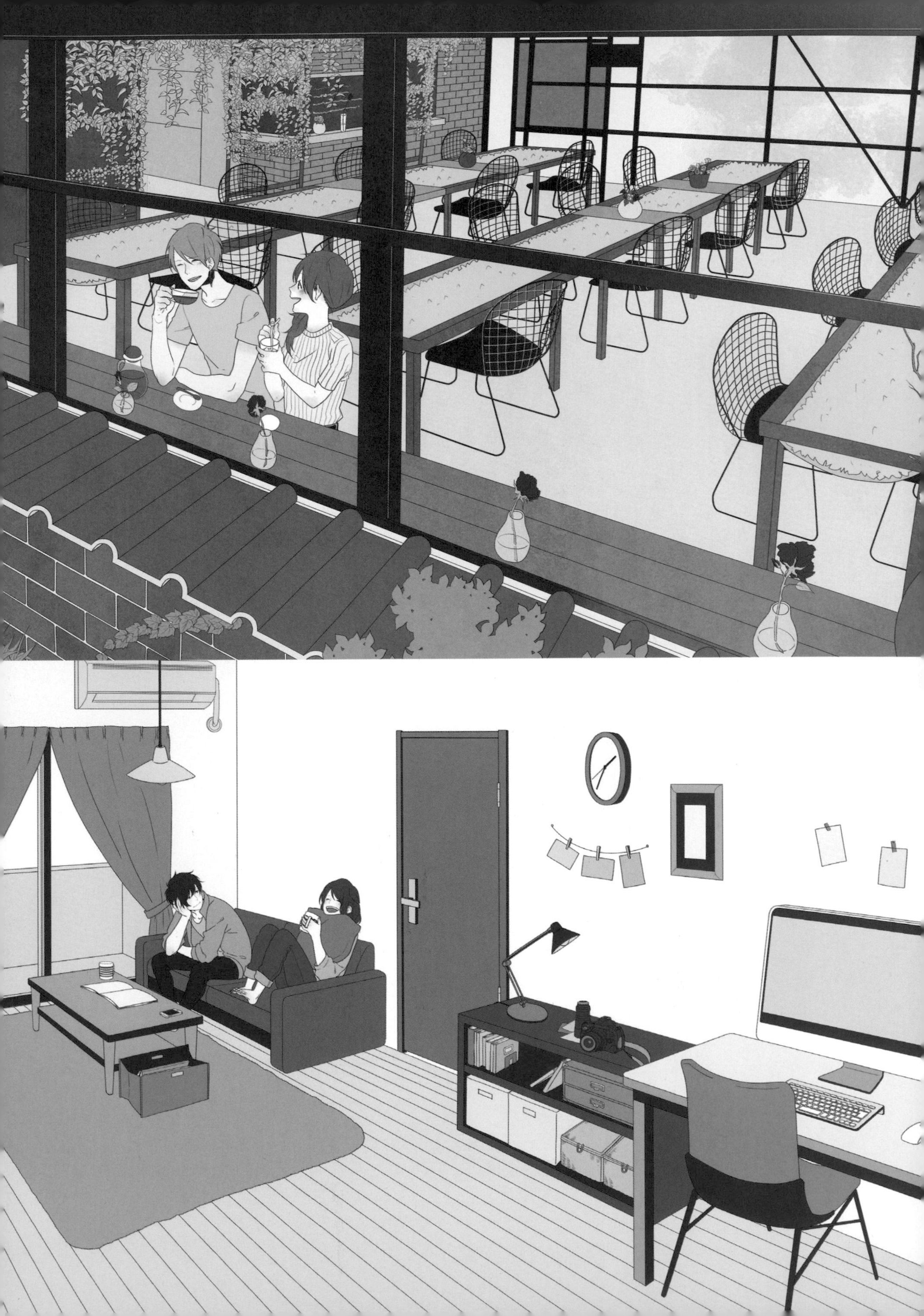

藤ちょこ | FUZICHOCO

— URL www.fuzichoco.com — Twitter fuzichoco

— E-MAIL fuzichoko@yahoo.co.jp

— TOOL openCanvas 6 / CLIP STUDIO PAINT PRO / Photoshop CS5 / Intuos 4 / Cintiq 24HD

— PROFILE 千葉縣出身，現居東京都的插畫家。創作以 TCG（交換卡片遊戲）、卡片遊戲插畫、輕小說插畫為主。

— COMMENT 我畫畫時最講究的是色彩與光影，此外是整體構圖的平衡感，我曾經為了某個題材是否該移動一公分而花了好幾個小時在思考。雖然常有人說我的畫風特色就是色彩，但我最近反而不特別注意作品的特色與個性，而想要摸索和挑戰各類型的畫風。關於今後的展望，我的夢想是希望能參與遊戲或動畫的企畫，從事包含角色與背景在內的整個世界觀的設計。

1 2
3 4

1 「SAKURA – JAPAN IN THE BOX -」主視覺 / 2016 / 明治座
2 「K-BOOKS 第 128 集」/ 2016 / ©K-BOOKS / 藤ちょこ
3 「賢者の弟子を名乗る賢者 5（自稱賢者弟子的賢者 5）/ りゅうせんひろつぐ」裝幀插畫 / 2016 / Micro Magazine
4 「スモールエス vol.45（SS vol.45）」封面 / 2016 / 復刊.com

フライ | FLY

— URL flyco.tumblr.com — Twitter flyco_

— E-MAIL flys.mmm@gmail.com

— TOOL Photoshop CS5 / CLIP STUDIO PAINT PRO / Cintiq 27QHD

— PROFILE 居住在東京都的漫畫家、插畫家。活躍於以漫畫、書籍裝幀插畫、遊戲角色設計為主的領域中。

— COMMENT 我在創作插畫時，講究的是「故事性的感受」。同樣的插畫會依觀賞者的解釋而變成完全不同的故事，我覺得這是很有樂趣的事。此外，我擅長的題材是自然界的景物與少女。關於今後的展望，我希望可以挑戰不同領域的工作。像是書籍裝幀插畫與角色設計的工作，都是今後我會努力爭取的工作類型。

1 2
3 4

1 「月の夢（暫譯：月之夢）」Personal Work / 2016
2 「めかくし（暫譯：遮眼）」Personal Work / 2016
3 「さんかく座（三角座）（譯註：星座名稱）」Personal Work / 2016
4 「百日目のリリィ（暫譯：第一百天的 Lily）」Personal Work / 2016

穗嶋 | HOSHIMA

— URL ho4ma.jimdo.com — Twitter Ho4ma_ku

— E-MAIL hoshi_ma_ku@yahoo.co.jp

— TOOL CLIP STUDIO PAINT PRO / Cintiq 13HD

— PROFILE 初出茅廬的插畫家。主要從事小說插畫、音樂 PV 與角色設計等工作。

— COMMENT 我的作品還沒有達到我想要的目標，因此我仍會不顧一切地畫圖，想要不斷地吸收新的、有趣的事物來豐富我所畫的內容。在思考角色設計時，即使是現實生活中常見的抱頭煩惱等等很俗的姿勢，我也會盡可能地用心設計，希望能打中觀眾的心。關於今後的展望，雖然我大多數的作品都還很單純且不夠成熟，希望可以透過畫更多的畫而變得更厲害。另外，雖然我大部分的工作都是畫女性主題的插畫，但我也希望能畫更多的男性人物，希望能獲得這方面的委託。

1 2
3 4

1 「blue whale」Personal Work / 2016
2 「Seasickness」Personal Work / 2016
3 「NO TITLE」Personal Work / 2016
4 「初音 MIKU『マジカルミライ2015（神奇的未來 2015）』」副視覺 / 2015 / ©Crypton Future Media, INC. www.piapro.net piapro

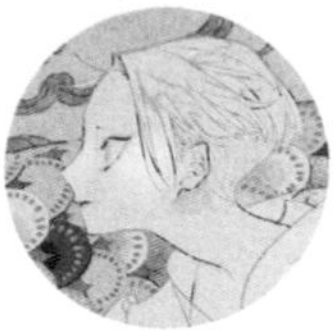

ホノジロトヲジ | HONOJIRO towoji

— URL ozoco.tumblr.com — Twitter siroimorino

— E-MAIL poroporocinq@gmail.com

— TOOL Photoshop CS5 / Illustrator CS5 / SAI / Bamboo

— PROFILE 2015 年起以自由接案插畫家的身分展開創作活動，將筆名「思春期」、「雨の森」統一改為目前這個名字。活躍於角色設計、插畫與漫畫等領域。

— COMMENT 我創作中講究的是，即使低彩度也能讓人覺得絢麗的畫面結構，以及減少人味的感覺。我的畫風特色應該是感受不到重力與脫離塵世的氣氛吧。關於今後的展望，我想把重點放在裝幀插畫與 CD 封套等工作。

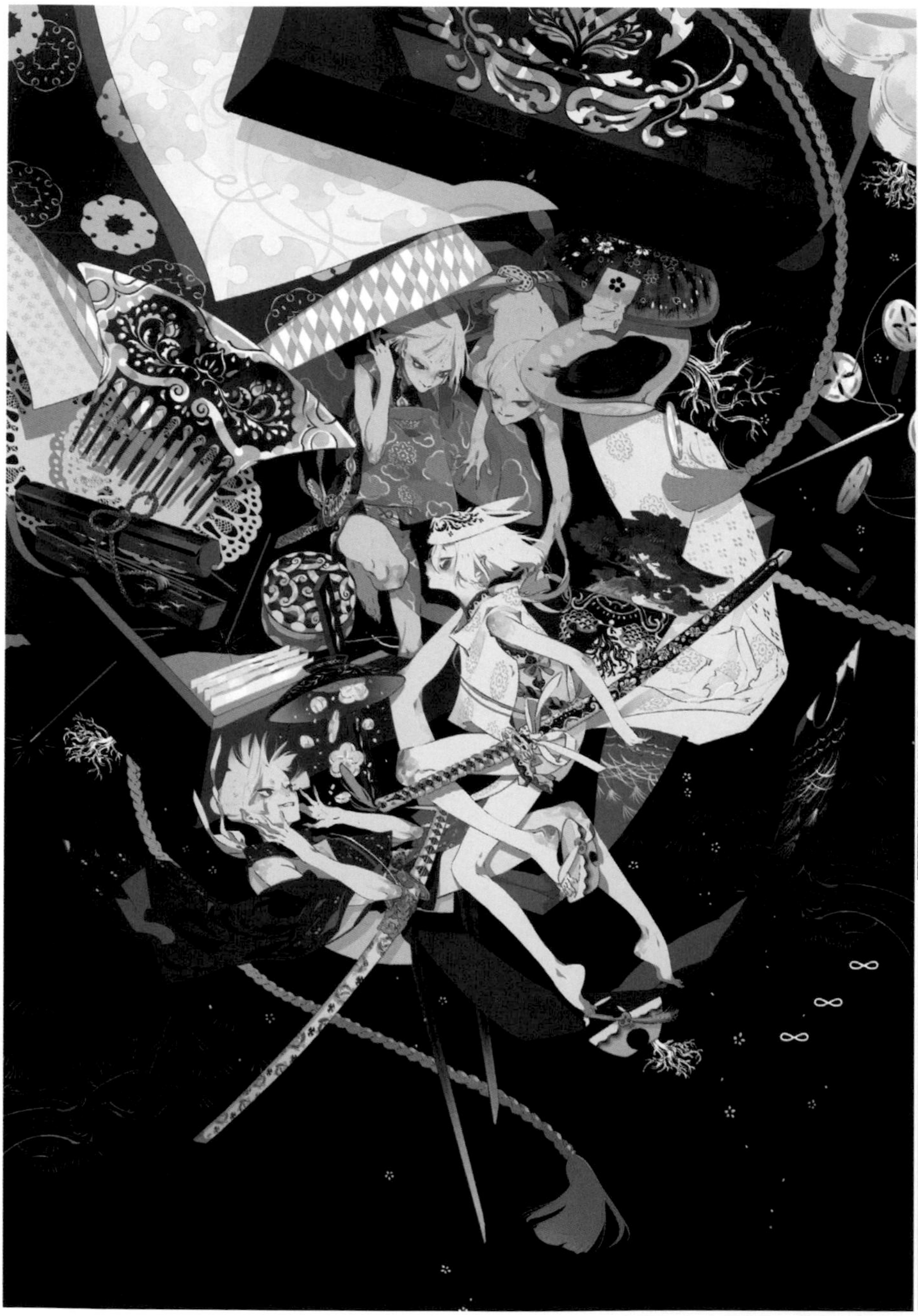

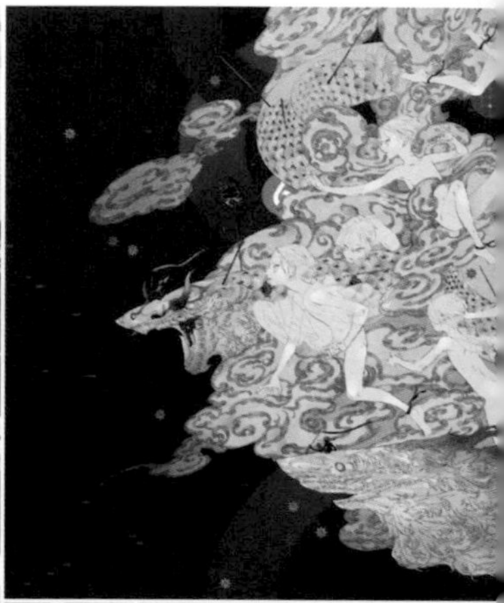

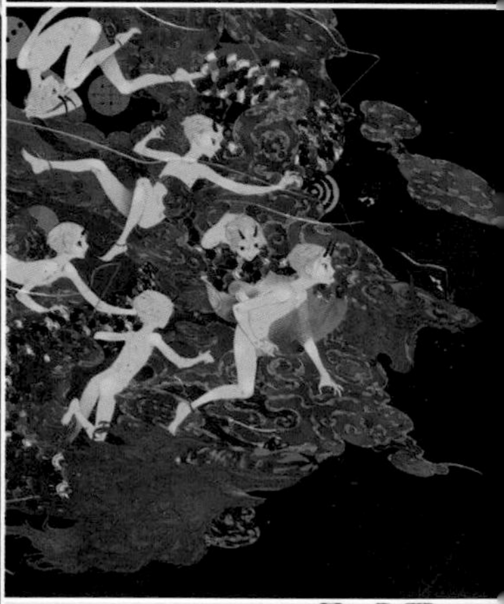

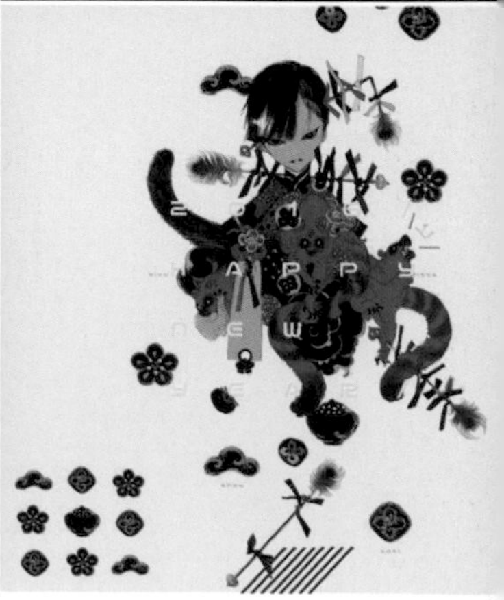

1 2

3 5

4

1 「夜螺鈿」Personal Work / 2016
2 「鬼追い / 白（暫譯：抓鬼 / 白）」Personal Work / 2016
3 「鬼追い / 色（暫譯：抓鬼 / 色）」Personal Work / 2016
4 「見言聞（暫譯：看說聽）」Personal Work / 2016
5 「BOY MEETS...GRAPH」封面插畫 / 2015 / PIE International

pomodorosa

— URL pomodorosa.tumblr.com — Twitter pomodorosa

— E-MAIL pomodorosa.tumblr.com/contact（寄信表單）

— TOOL Photoshop CS6 / Painter 2015 / ArtRage 4 / Intuos 3

— PROFILE 插畫家、音樂創作者。插畫方面的創作以裝幀插畫與角色設計為主，音樂方面則是創作 CM（商業廣告配樂）等的影片配樂。2015 年由一迅社出版了自己的第一本插畫集《Music, Fashion and Girl》。2016 年替創作團體「陽炎計劃」的 Jin 新推出的創意品牌「EDWORD RECORDS」擔任官方網站的插畫與藝術總監。

— COMMENT 我作品中講究的是構圖與輪廓，我認為這兩者的優劣大致上就能決定作品的好壞，因為這是無法事後修改的。我的畫風特色應該是會留下許多草稿線的部分吧，因為在草稿中會保留大部分的動作與氣勢，以及最初作畫的動機（衝動）。說到今後的展望，倒不如說是反省吧，我覺得最近我個人的創作變得比較少，這表示我自己的世界觀與創作觀點之間的關聯也受到縮減。所以為了我自己，我之後想創作更多的個人作品。

1　2
3　4　5

1 「EDWORD RECORDS」網站插畫與藝術總監 / 2016 / Jin、1st Place、Robot
2 「EDWORD RECORDS」網站插畫與藝術總監 / 2016 / Jin、1st Place、Robot
3 「どうして君は世界で一人（暫譯：你怎會獨自一人在世界上）/ リリィ、さよなら。(Lily Sayonara)」CD 封套 / 2016 / Victor Music Arts
4 「Ранняя осень」Personal Work / 2016
5 「音楽少女」pixiv 公司千駄ヶ谷辦事處會議室內辦公桌插畫 / 2016 / pixiv

Marshall

まきゅ | MAKYU

— URL makyuuu.tumblr.com — Twitter makyuuu
— E-MAIL mmdy.ek@gmail.com

— TOOL CLIP STUDIO PAINT PRO / Intuos 5

— PROFILE 1991 年生，目前住在大阪。常畫以女孩為主題的插畫。

— COMMENT 我的創作主題是自己也想成為的女孩，因此我總是畫著各種類型的女孩。我很喜歡時尚與彩妝，所以我會將當時想化的妝與想要的色彩都畫到我的插畫裡。我不想讓插畫太偏向現實或非現實，我喜歡在非現實的插畫中某些地方加入現實的元素。我的目標是畫出能讓人「想成為這樣的女孩」的畫。

1 2
3 4

1 「nya」Personal Work / 2015
2 「春うさぎ（暫譯：春兔）」Personal Work / 2016
3 「room」Personal Work / 2016
4 「バレリーナ（暫譯：芭蕾舞伶）」Personal Work / 2015

Minette
Bebe

majocco

— URL majocco.info
— Twitter majoccom
— E-MAIL majocco@me.com
— TOOL 原子筆 / 水彩 / Photoshop CS5 / Illustrator CS5
— PROFILE 仙台出身，現居東京。畢業於多摩美術大學繪畫系油畫組。插畫創作涵蓋廣告、CD 封套、雜誌、商品、APP、電視等等。
— COMMENT 「要傳達什麼？想做什麼？」我喜歡先完成這些設定再開始作畫。我希望透過插畫中與現實稍有出入的事物，能引起他人的注意與感動。對我來說插畫是作為逃避現實的工具，為了強化這點，我的呈現方式並不只是二次元的插畫，我的動機是將我所看到的現實呈現得比現在更好，因此我所追求的是透過鮮明的色彩和協調的畫面，讓事物具有主題性。我喜歡廣告和娛樂相關的工作。

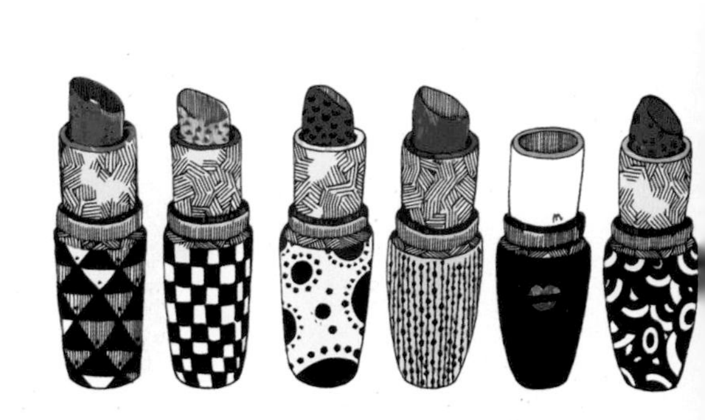

1 / 2 3 | 4

1 「渋谷」Personal Work / 2016
2 「歌舞伎町侵略」大森靖子商品插畫 / 2015 / Village Vanguard
3 「一番の唇で会ってばかりだ（暫譯：現在才遇見最棒的嘴唇）」Personal Work / 2015
4 「Vell x 池田エライザ」合作 iPhone 殼插畫 / 2015 / Vell

Vell♥ Elaiza.
m.

またよし | MATAYOSHI

— URL matayosi.oops.jp

— Twitter matayosi

— E-MAIL matayosi@ov.oops.jp

— TOOL Photoshop CC / Intuos Pro

— PROFILE 1982 年生。擅長活用畫油畫的經驗，在數位繪圖軟體中重覆疊色，創作出淺色系色調的插畫。插畫中大多是具有故事性的倦怠表情，或是滿滿手繪感的柔和作品。近年作品以書籍插畫為主，逐漸擴展活躍領域。

— COMMENT 我很喜歡畫人物的頭髮，所以在畫畫時會特別用心描繪。我從小就喜歡童話故事裡的公主，或許就是被她們美麗的頭髮吸引吧。我畫畫時，會先畫細線而慢慢構成平面，重疊色彩而逐漸成形，這個過程雖然也很快樂，不過藉由筆刷相互衝擊而逐漸成形也是別有一番趣味。雖然我最近常畫黑白色調的插畫，但我也想更加擴展創作的類型。

1 2
3 | 4

1 「早春賦 / 山口恵以子」裝幀插畫 / 2015 / 幻冬舍

2 「束」Personal Work / 2015

3 「墓守りのレオ（暫譯：守墓人雷歐）/ 石川宏千花」裝幀插畫 / 2016 / 小学館

4 「ゆれぬ盾（暫譯：堅定之盾）」Personal Work / 2016

マツオヒロミ | MATSUO hiromi

— URL　www.matsuohiromi.com　— Twitter　matuo

— E-MAIL　h.matuo@gmail.com

— TOOL　Photoshop CS5 / Intuos 4

— PROFILE　島根縣出身，現居岡山縣。喜歡和服與近代建築。2016 年在「実業之日本社」發行以 20 世紀初為背景的單行本作品《百貨店ワルツ（百貨店華爾滋）》（中文版由漫遊者文化出版）、並在「翔泳社」發行插畫集《ILLUSTRATION MAKING & VISUAL BOOK マツオヒロミ》。

— COMMENT　我的插畫主題以大正（1912-）、昭和初期（1926-）的近代事物及和服之類的復古題材居多，雖然大多是參考資料來畫的，但為了不讓這些參考後所畫的題材讓人有「只是在說明」的感覺，我會用心處理，讓插畫中的表現顯得更有趣。我很喜歡畫女性的表情，我認為這也是很重要的題材。我思考的是如何不透過言語，用畫表達出細微的情感，以畫面構成傳達出充滿魅力的美感。我今後的展望是，計畫自己執筆寫單行本。我希望不只是畫圖，能更全面地了解如何製作一本書，成為可以透過一本書傳達觀點的作家。

1 「百貨店ワルツ（百貨店華爾滋）」封面插畫 / 2016 / 実業之日本社
2 「コミックマーケット88（Comic Market 88）」官方紙袋（大）2015 / Comic Market 準備會
3 「コミックマーケット88（Comic Market 88）」官方紙袋（大）2015 / Comic Market 準備會
4 「ILLUSTRATION MAKING & VISUAL BOOK マツオヒロミ」封面插畫 / 2016 / 翔泳社

まなもこ | MANAMOKO

— URL fancysurprise.tumblr.com — Twitter mnmk_tnz
— E-MAIL fancysurprise1@gmail.com

— TOOL Photoshop CC / SAI / Intuos 5

— PROFILE 1990 年生。服飾大學畢業後，開始以插畫家身分創作。替自創品牌「Fancy Surprise!」創作插畫並製作各式各樣的延伸商品。也有替貼紙書及童書畫插畫。

— COMMENT 我畫畫時最講究的地方就是色彩，我會用心調整使用的色彩數量與色彩平衡。我的畫風特色是鮮明且充滿幻想的配色，我講究的是如何柔透過和緩且柔和的插畫來觸動人心。我很重視在插畫中大量地加入像是動物等等可愛的元素，讓人第一眼看到時就感受到可愛。今後也想繼續畫出可以讓看到的人都感到開心的「可愛」的插畫。

1 2
3 4 | 5

1 「BE MY STRAWBERRY♥」Personal Work / 2016
2 「ぽぽぴよいーすたー（暫譯：跳跳小雞）」Personal Work / 2016
3 「BABY♡ Blue」Personal Work / 2015
4 「FANCY♡ NOTE」Personal Work / 2016
5 「Lollipop in Candy Cat ?」『Sugar♡ Lollipop in Halloween』展出用插畫 / 2016

I Love You
I Love You
Boo
S♥L
Fancy
Surprise

丸紅 | MALBENI

— URL malbeni.web.fc2.com — Twitter malbeni

— E-MAIL mallllbeni@gmail.com

— TOOL CLIP STUDIO PAINT PRO / Intuos 2

— PROFILE 沖繩縣出身，住在東京都內的上班族。在從事本業的同時，以個人身份創作並發表插畫與漫畫。2015 年起在網路上發表以住宅區為背景的系列插畫、2016 年起開始製作漫畫同人誌《map》。

— COMMENT 我創作時最用心的地方是簡單但給人舒適感的構圖。我喜歡將少年少女日常生活中的景色繪製成奇幻風與科幻風等非日常的情境。我目前正在準備預定於 2017 年發表的幾部漫畫作品。我想要以結合生活感與非日常感的印象，挑戰從愛情故事到旅遊記錄等廣泛的創作主題。

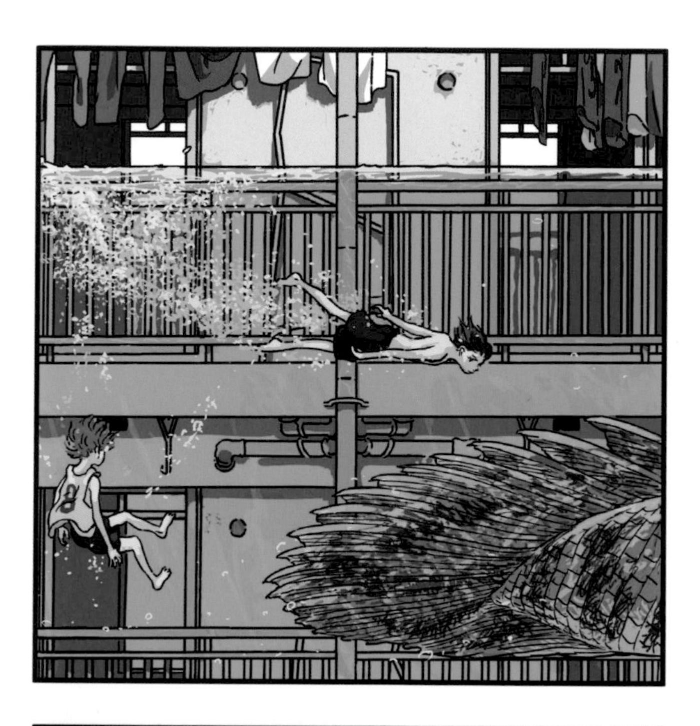

1 「潮位の高い日（暫譯：漲潮的那天）」Personal Work / 2015
2 「目が覚めるとパーティーは終わっていたので（暫譯：一旦清醒宴會就會結束了）」Personal Work / 2016
3 「可能性の迷宮（暫譯：可能性的迷宮）」Personal Work / 2016
4 「どうしようもない午後に（暫譯：無可奈何的午後）」Personal Work / 2016
5 「結婚」Personal Work / 2015
6 「最上階の秘密は（暫譯：頂樓的秘密是）」Personal Work / 2016

1 2 | 5
3 4 | 6

miii

— URL tronc.saleshop.jp — Twitter tronc_miii

— E-MAIL nekomeishi04@yahoo.co.jp

— TOOL 透明水彩 / 鉛筆 / Photoshop CS6 / Illustrator CS6

— PROFILE 岐阜縣出身。曾在設計工作室擔任視覺設計師，現為插畫家，創作活動以文藝雜誌的插圖與參加展覽為主。

— COMMENT 我的作品主要是在畫那些年齡介於小孩與成年人之間的年輕人。今後我想以小說的插圖為主，希望藉由我創作的插畫，讓讀者在拿到書的當下，就能透過我的畫了解書中的故事。

1 2
3 4

1 「flours de sureau」Personal Work / 2016
2 「Halloween」Personal Work / 2016
3 「Valentine」Personal Work / 2016
4 「cerise」Personal Work / 2016

miii

mieze

— URL www.mieze018.net — Twitter mieze018

— E-MAIL mieze@mieze018.net

— TOOL Photoshop CC / CLIP STUDIO PAINT EX / Cintiq Companion 2

— PROFILE 作品以小說裝幀插畫為主的插畫家。

— COMMENT 我創作時注重的是呈現出我盡情享受刻畫細節樂趣的作品，讓觀眾看到時被奇妙的第一印象吸引目光，就像是看到照片的感覺。說到我的畫風特色，應該是白日夢般的、寂靜的、目光強勢的、宛如真實觸碰到的人物、淺淺的配色、低調的色彩，以及保留手繪線稿的細節等等吧；除此之外，近年我常常使用「水」作為創作主題。關於今後的展望，我想要發掘除了「水」以外其他具有趣味效果的主題與材質，將它們融入我的作品。

1 2 | 3

1 「妻に棲む別人I 多重人格の出現—ヤミ金との激闘編（暫譯：妻子的身體裡住了另一個人I　多重人格的出現—暗金激鬥篇）／花田深」裝幀插畫 / 2016 / Heart Shuppan

2 「妻に棲む別人II 多重人格の消滅—その治療全記録（暫譯：妻子的身體裡住了另一個人II　多重人格的消滅—治療全記錄）／花田深」裝幀插畫 / 2016 / Heart Shuppan

3 「RUIN」Personal Work / 2015

MIKA_TAMORI

— URL mikatamori.wix.com/mikatamori-art — Twitter tamotamo

— E-MAIL mikatamori@gmail.com

— TOOL Photoshop CS3 / Illustrator CS3 / 鉛筆 / 色鉛筆 / 壓克力顏料

— PROFILE 畢業於文化服裝學院。2010 年舉辦初次個展「ideacircuit」。2012 年參加「LAFORET FASHION WEEK」時裝週活動，並舉辦個展「THE SEA DREAM」；2013 年參加西武涉谷百貨「シブヤスタイルvol.7（SHIBUYA STYLE Vol.7）」藝術展；2014 年與企業合作「HELLO KITTY 40th 合作藝術展」；2015 年舉辦個展「RAKUGAKI」；2016 年舉辦個展「Little happiness」。除了舉辦展覽，亦活躍於壁畫與街頭塗鴉等廣泛領域中。

— COMMENT 說到我在創作方面的堅持，我想應該是整體的平衡感與世界觀，還有漂浮感吧。關於今後的展望，我希望能有機會和時尚品牌合作壁畫創作、裝置藝術展之類的活動。

1 「NO TITLE」Personal Work / 2015
2 「NO TITLE」Personal Work / 2013
3 「NO TITLE」Personal Work / 2016

Mika Pikazo

— URL mikapikazo.tumblr.com — Twitter MikaPikaZo

— E-MAIL mikapikaworkz@gmail.com

— TOOL Photoshop CC / CLIP STUDIO PAINT PRO / Intuos 4

— PROFILE 現居東京都。高中畢業後，因為對南美洲的影片技術與廣告設計很有興趣而移居巴西，兩年後才回到日本，工作大部分為角色設計與書籍裝幀插畫等。2016 年參加「繪師 100 展 06」百人插畫展。

— COMMENT 我創作時最重視的就是「世界觀」。我總是會用心描繪，讓插畫中的人物、動植物或風景給人一種「正生活在那個世界中」的感覺。我喜歡思考作品的配色和角色的表情，但不是只要可愛或漂亮就好，而是會去思考「如果是這個女孩的話會是怎樣的表情？如果是這個世界的景色應該是怎樣的氛圍？」等等。關於今後的展望，我認為不管是什麼主題的工作，都有它獨特的魅力，今後我也想要嘗試看看各種領域的工作。

1 2
3 4

1 「COLOR GIRL」性感女郎插畫 / 2016 / BNN
2 「Shower in the night」Personal Work / 2016
3 「花冠の少女(暫譯：花冠少女)」Personal Work / 2016
4 「The Flowers of Romance」Personal Work / 2016

みき尾 | MIKIO

— URL www.pixiv.net/member.php?id=1778243 — Twitter mikitail

— E-MAIL mikitail27@gmail.com

— TOOL Photoshop CS6 / SAI / Bamboo Fun

— PROFILE 現居神奈川縣。在網路上發表以「女孩」、「時尚」為主題的插畫。

— COMMENT 我創作時注重的是透過人物的姿態與其身旁的物品來表現出更像人的感覺與生活感。此外，我也很用心運用「讓人看起來覺得舒服」的線條、形狀與色彩。我想我的作品特色，應該是在真實服裝×接近動畫的畫風之間衍生出絕妙的平衡感吧。今後的創作希望不只集中於人物，也能有機會挑戰描繪空間。另外也希望能挑戰看看活用我的創作風格的工作機會。

1 2
3 4

1 「Snekaer」Personal Work / 2015
2 「Khaki x Red」Personal Work / 2016
3 「Beach Girls」Personal Work / 2015
4 「Link Coordinate」Personal Work / 2016

水内実歌子 | MIZUUCHI mikako

— URL www.mizuuchimikako.com — Twitter mikakomizuuchi

— E-MAIL mizuuchi.mikako@gmail.com

— TOOL 鉛筆 / 色鉛筆

— PROFILE 插畫家、視覺設計師。1988 年生於新潟縣，現居東京。為了記錄自己的夢而開始創作插畫。作品曾入選第 191 屆「The Choice」展與第 13 屆「TIS（Tokyo Illustrators Society）」公募展。

— COMMENT 我創作中很重視將事物簡單化並與其形狀、著色與結構達成平衡。我想要描繪出像是從什麼地方偷窺著，引發觀眾好奇的空間。我經常運用漸層的上色方式，讓作品表現出像是異空間般不可思議的氛圍。為了不要讓作品顯得太過異類，我會利用簡單化與符號化的方式來調整整體的平衡感。關於今後的展望，我想要畫更多的圖，做更多的工作。特別是我很喜歡太空科學與科幻主題，希望能獲得像是科幻小說之類與太空相關的插畫工作。

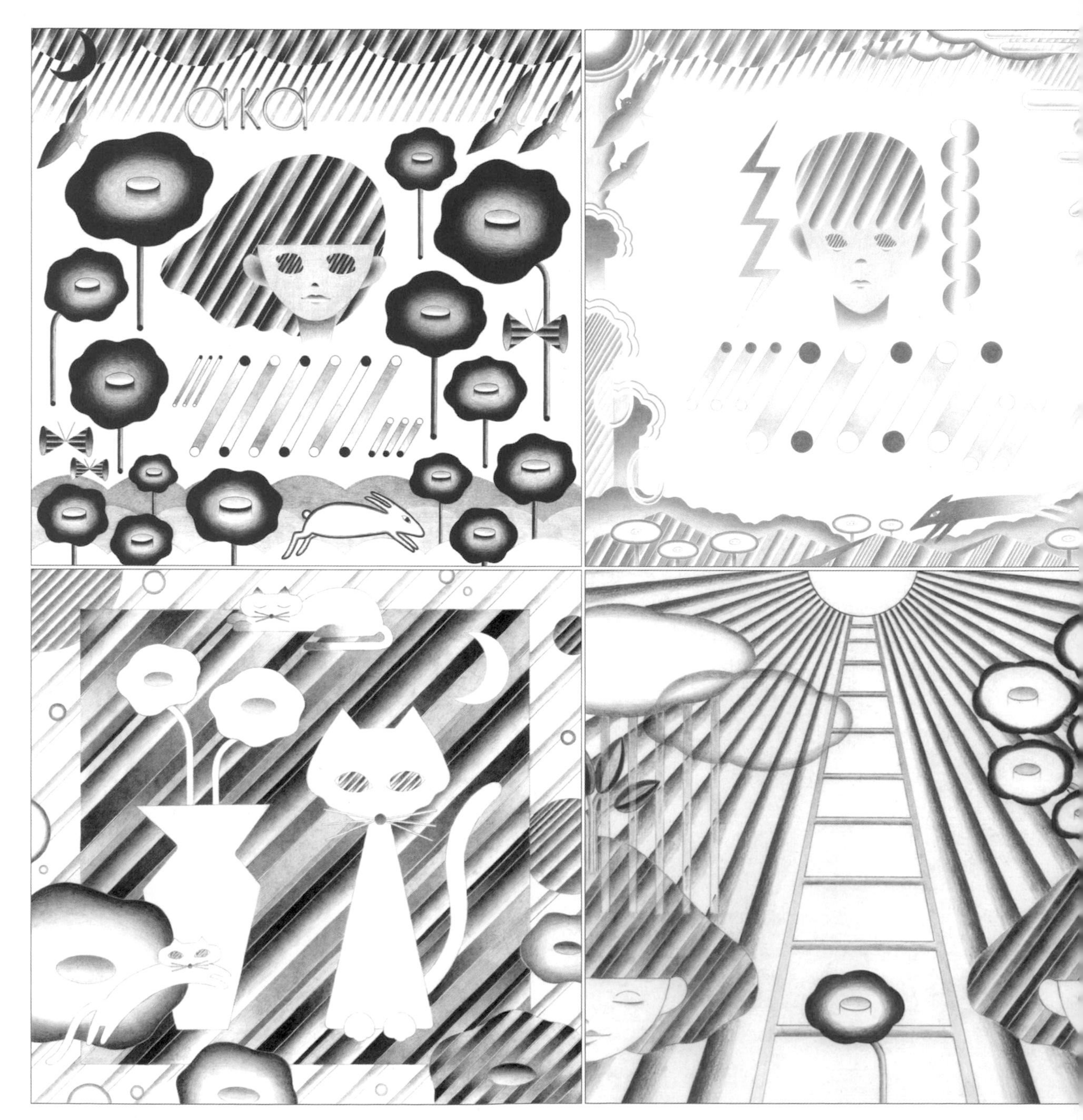

1 2 | 5
3 4 | 6

1 「Gliese 581」Personal Work / 2015
2 「Kepler 452b」Personal Work / 2015
3 「Felis, Lynx, Ri」Personal Work / 2016
4 「This！vol.1」雜誌插圖 / AD：川名潤 / 2015 / 小学館
5 「記憶を失う前に（暫譯：失去記憶之前）」Personal Work / 2015
6 「Red. flower.」Personal Work / 2015

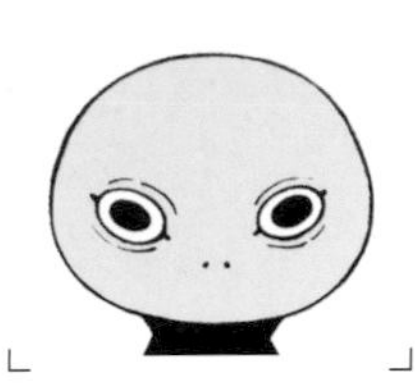

みっつばー | MITZVAH

- URL　www.pixiv.net/member.php?id=40439　— Twitter　mitz_vah
- E-MAIL　merry_go_round1251@yahoo.co.jp
- TOOL　Photoshop 6 / 自動鉛筆
- PROFILE　我是 MITZVAH。以插畫家身份從事以書籍封面插畫為主的創作活動。
- COMMENT　我的創作主題簡言之就是要讓人第一眼就覺得「好酷」，因此我很講究用什麼樣的題材最能傳達這個主題，那就是「少年」與「青年」。說到我的畫風特色，應該是「看得出來是由男性所畫的男性角色」。這點對我自己來說也很重要，我想那就是我作品的魅力之一吧。關於今後的展望，希望能透過作品讓日本的插畫界往「好酷」的方向產生興趣，這已成為我個人的課題。

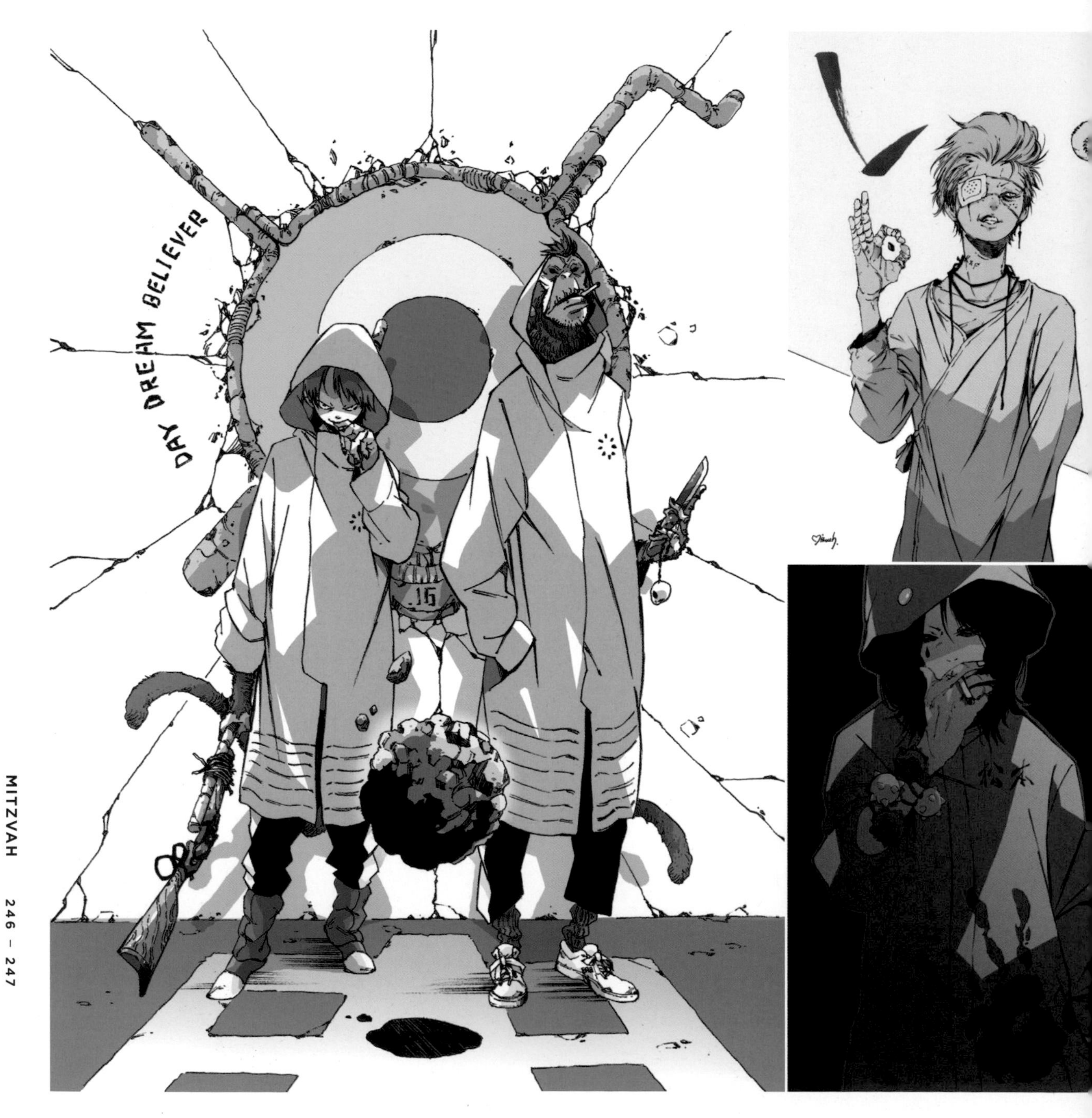

1 「SARU」Personal Work / 2016
2 「種」Personal Work / 2015
3 「raincoat」Personal Work / 2016
4 「pine」Personal Work / 2016
5 「転生したらスライムだった件 8（《關於我轉生變成史萊姆這檔事 8》，中文版由台灣角川出版） / 伏瀬」裝幀插畫 / 2016 / MICRO MAGAZINE

DUSTIN S BAR
MITZVAH
MONES
MENU

miya

— URL miya.suppa.jp — Twitter miyaU_U

— E-MAIL miya.artwork@gmail.com

— TOOL 水彩 / Photoshop CS6 / Illustrator CS6 / Intuos 4

— PROFILE 現居東京。設計系畢業後，曾做過廣告代理商的視覺設計師、公司內部的插畫人員等工作，之後開始以自由接案的插畫家身份創作。目前作品涵蓋雜誌與書籍插畫、廣告插畫等廣泛的創作領域，也有設計插畫手機殼、鏡子與紙膠帶等商品。已經發售第一本著作《FASHION GIRLS》。

— COMMENT 我創作時重視華麗的色彩，希望觀眾也有這樣的心情。另外，為了讓女性看起來充滿魅力，我會特別注意表情與行為舉止的平衡。在我的作品中，我會活用水彩的渲染效果，做出充滿手繪感的柔和筆觸與華麗色彩。有關今後的展望，我想要畫些想像場景的插畫、旅遊速寫畫，以及與動物之類的插畫，並樂在其中。

1 2 / 3 4

1 「Noble dress」Personal Work / 2015
2 「Fleurir」『かいしんのいちげき展（暫譯：會心的一擊展）』展示用插畫 / 2016 / Village Vanguard
3 「Fansinant」書籍插畫 / 2016 / KADOKAWA
4 「FASHION GIRLS / miya（ミヤマアユミ）」封面插畫 / 2016 / KADOKAWA

宮崎夏次系 | MIYAZAKI natsujikei

— URL —

— E-MAIL —

— Twitter natsujikeinfo

— TOOL Photoshop CS4 / Cintiq Companion

— PROFILE 漫畫家、插畫家。至今出版的漫畫作品有：第一本單行本是由日本文化廳媒體藝術祭漫畫部門「審查委員會推薦作品」所選出的《変身のニュース（暫譯：變身的新聞）》，此外還有《僕は問題ありません（暫譯：我沒有問題）》、《夢から覚めたあの子とはきっと上手く喋れない（暫譯：那個從夢中醒來的女孩肯定無法好好說話）》、《ホーリータウン（暫譯：聖城）》、《夕方までに帰るよ（暫譯：傍晚前會回去啦）》等（均由講談社出版）。現正於雜誌《SFマガジン（SF Magazine）》連載短篇漫畫、於雜誌《WIRED》刊登插畫。

— COMMENT 我創作時非常重視留白，我會盡可能地研究主題，並且盡可能地簡化。我的畫風特色應該是平面的構圖與無粗細變化的線條吧。我會組合不同的題材，在畫面營造出不協調的感覺。關於今後的展望，我想重做之前的作品以及嘗試角色設計的工作。

1 「その日コンピューターはぼくらを超えて神さまになった（暫譯：就在那天，電腦超越了我們而變成了神）」插圖 / 2014 / WIRED JAPAN, CONDÉ NAST JAPAN

2 「今のロケットは何かがおかしい（暫譯：這個火箭好像哪裡怪怪的）」WIRED vol.17 / 2015 / WIRED JAPAN, CONDÉ NAST JAPAN

3 「マクロとミクロを行ったり来たり（暫譯：來來去去的宏觀與微觀）」WIRED vol.19 / 2015 / WIRED JAPAN, CONDÉ NAST JAPAN

4 「スクールカースト殺人教室（暫譯：學校階級殺人教室）/ 堀内公太郎」裝幀插畫 / 2016 / 新潮文庫 nex

50
50

millitsuka

— URL millitsuka.tumblr.com
— Twitter millitsuka
— E-MAIL m0m0000m0ri@gmail.com

— TOOL 代針筆 / Photoshop CS4 / Intuos Pro

— PROFILE 插畫家。畢業於武藏野美術大學視覺傳達設計系。

— COMMENT 我在日常生活中到處漫步時，就會將見到的事物或環境記在腦海裡，儲存許多我想畫的東西，當我要創作時就會將這些東西組合在一起。我畫畫時會刻意不去畫人臉上的五官，也不去畫表情或突顯角色個性。我所畫的主題大多充滿了直線，因此我通常會加入一個曲線豐富的女性角色來取得平衡。關於今後的展望，我想要挑戰書籍裝幀與插圖、書衣設計、傳單等各種不同的工作。

1 「夜に回す（暫譯：夜間洗衣）」ケトル（Kettle）Vol.32 插圖 / 2016 / 太田出版
2 「ちょっとタンマ（暫譯：讓我休息一下）」ケトル（Kettle）Vol.32 插圖 / 2016 / 太田出版
3 「一日の終わり（暫譯：一天的結束）」ケトル（Kettle）vol.32 / 2016 / 太田出版
4 「釣れない（暫譯：釣不到）」Personal Work / 2016
5 「潜水（暫譯：潛水）」Personal Work / 2016
6 「安全な傘をさす（暫譯：撐起安全的傘）」Personal Work / 2016

1 3
2 4 | 6
5

mujiha

— URL mujiha.blogspot.jp

— Twitter mujiha1

— E-MAIL hajimu5362@yahoo.co.jp

— TOOL Photoshop CC / Intuos 5 touch

— PROFILE 1985 年生於神奈川縣。A 型。

— COMMENT 我的每一張畫我都非常用心去畫。未來我希望能不拘形式，嘗試運用各種媒體來畫圖。

1 2 | 4
3 | 5

1 「さて。-メイド ver.-（暫譯：接下來。-女僕 ver.-）」Personal Work / 2016
2 「neko」Personal Work / 2015
3 「花・花」Personal Work / 2016
4 「紅茶」Personal Work / 2015
5 「Fairies」Personal Work / 2016

村山竜大 | MURAYAMA ryota

— URL ovopack.tumblr.com — Twitter ovopack

— E-MAIL murayama@ovopack.org

— TOOL Photoshop CC / Cintiq 22HD

— PROFILE 以自由接案插畫家身份創作著，作品以遊戲相關的角色設計與插畫為主。主要作品有《Final Fantasy 世界（WORLD OF FINAL FANTASY）》/ 部分幻景設計、《聖剣伝説 Rise of MANA（聖劍傳說 Rise of MANA）》/ 怪物與部分 NPC 設計、《チェインクロニクル（鎖鏈戰記）》/ 部分角色設計與插畫等。

— COMMENT 我的作品以動物與大自然為主，我正在摸索著屬於我自己的奇幻風格。在我的畫中，我會特別注意明暗的平衡、燈光、各種材質的質感與觸感。我創作時的想法是，要常常吸收新事物與普遍性的事物，努力創造出不被常識與大眾需求所侷限的東西。今後我希望不只遊戲產業，也能參與到角色設計與概念藝術等創作。如果能做到符合我個人觀點的企劃那就再好也不過了。

1 2 | 3 / 4 5

1 「山鰐様（暫譯：山鰐大人）」Personal Work / 2016
2 「竜使いの少年（暫譯：馭龍少年）」Personal Work / 2015
3 「森の戦い（暫譯：森林之戰）」Personal Work / 2016
4 「雲上の道（暫譯：雲上之路）」Personal Work / 2016
5 「四賢者」Personal Work / 2015

meo

— URL　me0cc.tumblr.com　— Twitter　meocco

— E-MAIL　girls-end@outlook.jp

— TOOL　水彩 / 鋼筆 / Photoshop CS6

— PROFILE　北海道出生，現居東京都。大部分的作品都是手繪，以簡單且纖細的線條畫出表現女性魅力的作品。在 Instagram（@meocco）上積極地發表作品。目前的創作涵蓋展覽與製作 ZINE 等各種領域。

— COMMENT　我喜歡極簡風的用色。我大部分的作品都是女性主題的插畫，我會思考如何表現出剛毅的內心與偶然感到的厭倦氛圍。我擅長的插畫是以女性、植物為主題，像是拼貼畫的作品。關於今後的展望，希望能有機會與時尚、髮型、彩妝等各種不同領域合作。

1 2
3 | 4

1 「蛸（暫譯：章魚）」Personal Work / 2015
2 「香水」Personal Work / 2016
3 「秘密」Personal Work / 2015
4 「まちぼうけ（暫譯：守株待兔）」Personal Work / 2015

RKET
UTURE
2015.8.5

mebae

— URL poncotan.jp

— Twitter mebaeros

— E-MAIL info@kaikaikiki.co.jp（經紀公司：Kaikai Kiki）

— TOOL Photoshop CC / Cintiq 24HD

— PROFILE 住在北海道的動畫師兼插畫家。作品大部分是電視・劇場版動畫、書籍・漫畫的插畫，此外也擔任藝術家・村上隆主導之「Kaikai Kiki」工作室的札幌分部「PONCOTAN」負責人。著有《NONSCALE》、《罵倒少女（暫譯：被虐少女）》。

— COMMENT 我的目標是在作品中同時呈現出濃厚的戀物癖與輕鬆風格，我講求的是用較少的線條與色彩來表現出質感。我對畫畫並沒有特別講究的地方，或許這就是我所講究的，但又好像不是這樣。在我的畫中，別說腋下與肚臍，甚至連衣服的皺摺也能讓人下意識地聯想到性器官吧，應該說連胸罩都有畫上乳頭的殘影。關於今後的展望，總之我只要能完成現在手上正在製作的動畫就好了。

1 「Cheeeeeeers！（部份）」彩色插畫＆漫畫《MITSUBOSHI★★★》刊載作品 / 2015 / Wanimagazine

2 「eggs」Personal Work / 2014

3 「罵倒少女＃1（暫譯：被虐少女＃1）」封面插畫 / 2015

罵倒少女
ばとうしょうじょ
#1
R-15
@mebaeros
BATO-SHOJYO

もけお | MOKEO

— URL buttoi.onmitsu.jp — Twitter mokeooo

— E-MAIL mokeo.check@gmail.com

— TOOL Photoshop CS4 / Intuos 3 / 自動鉛筆

— PROFILE 1月7日生，B型。現居千葉縣的漫畫家兼插畫家。不定期於謎之創作團體「スタジオキノボ（STUDIO KINOBO）」發表創作。

— COMMENT 我想畫出令人開心的、可愛的、讓人看了很有精神的插畫。關於今後的展望，只要和插畫或漫畫相關，不管是什麼都想挑戰看看。

1 2 | 3

1 「NO TITLE」月刊ニュータイプ（動漫雜誌《Newtype 月刊》）2016 年 8 月號投稿插畫 / KADOKAWA

2 「NO TITLE」Personal Work / 2016

3 「みわくのあくま（暫譯：魅惑人心的惡魔）（Kurofune Comic）/ もけお」裝幀插畫 / 2016 / libre ©Mokeo / libre2016

moz

— URL　mzm.oops.jp

— Twitter　bittibiti

— E-MAIL　mzm@xc.oops.jp

— TOOL　Photoshop CS6 / SAI / Intuos 4

— PROFILE　擇日不如撞日。

— COMMENT　我喜歡捲毛和雀斑。我希望可以用人物的表情與姿勢來表現氣氛。我的插畫由於大多使用淡色系或黑白色系，因此常常給人沈穩的感覺。關於今後的展望，我希望能畫更多的作品，並且畫得更細緻。

1 2 | 4
3 | 5

1 「NO TITLE」Personal Work / 2016
2 「NO TITLE」Personal Work / 2016
3 「NO TITLE」Personal Work / 2016
4 「NO TITLE」Personal Work / 2016
5 「NO TITLE」Personal Work / 2016

望月けい | MOCHIZUKI kei

— URL keymmm.tumblr.com — Twitter key_999

— E-MAIL nouc_999@yahoo.co.jp

— TOOL SAI / CLIP STUDIO PAINT EX / Cintiq Companion 2 / 水彩

— PROFILE 住在大阪的插畫家。創作涵蓋 CD 封套、社群遊戲人物設計、漫畫、商品插畫、PV 插畫等廣泛領域。

— COMMENT 我想畫出令人看一眼就感到震撼，讓觀眾印象深刻的作品。此外，我也很重視作品中的線條要讓人看起來感到舒適。我很講究要將女性角色畫得可愛、男性角色畫得帥氣；我也常常將女孩和機械、華麗的物品與樸素的背景，這類乍看毫不協調的事物組合成一幅畫。關於今後的展望，希望有機會能挑戰書籍裝幀插畫、動畫或遊戲的角色設計。

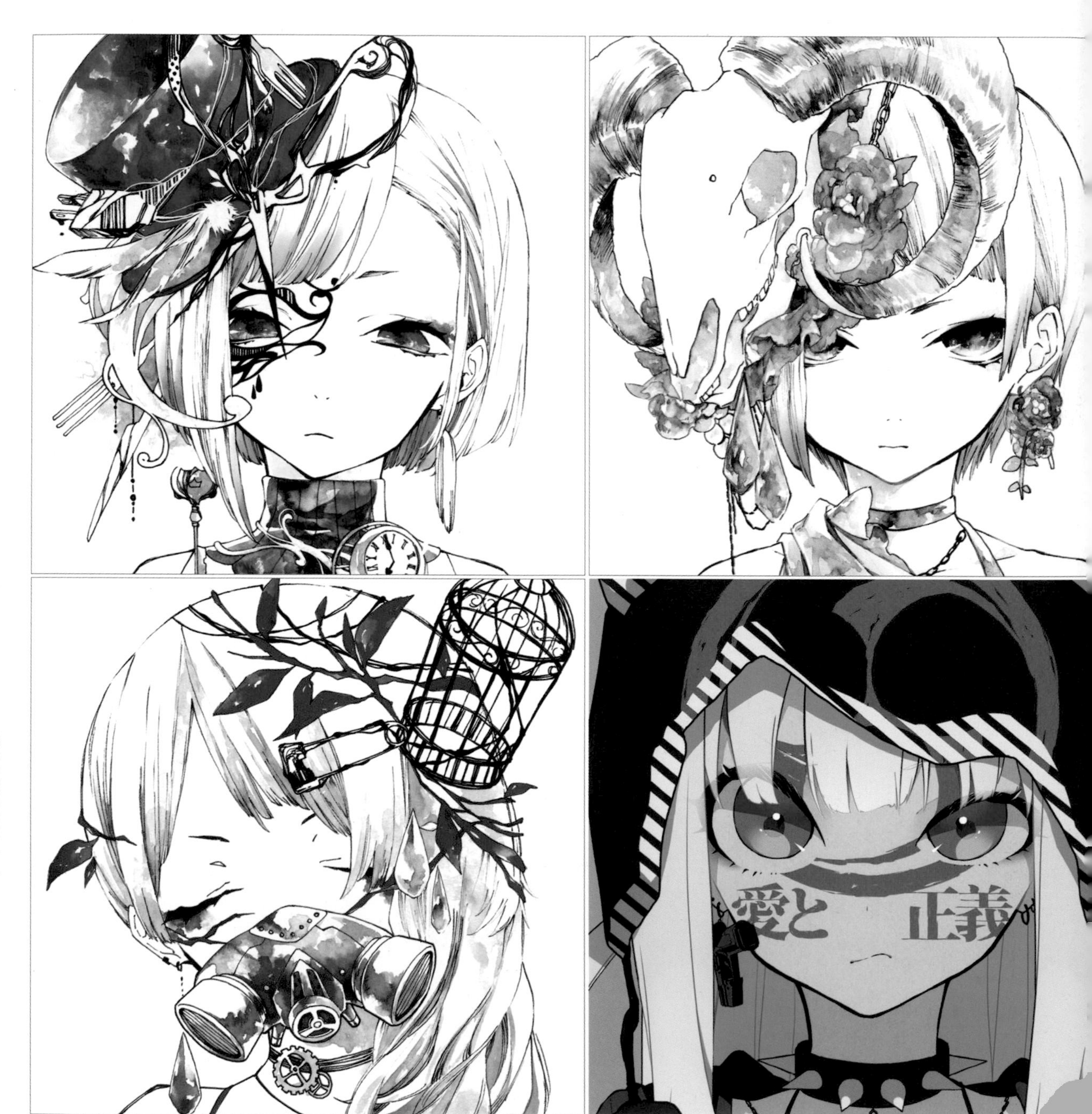

1	2	5
3	4	6

1 「極彩色（初回限定盤 A）/ れおる」CD 封套 / 2015 / Victor Entertinment
2 「極彩色 / れおる」CD 封套 / 2015 / Victor Entertinment
3 「極彩色（初回限定盤 B）/ れおる」CD 封套 / 2015 / Victor Entertinment
4 「愛と正義ちゃん（暫譯：愛與正義小妹妹）」Personal Work / 2015
5 「魔法少女は団地で待ちぼうける（暫譯：魔法少女在住宅區傻等）」Personal Work / 2015
6 「愛と正義とバイク（暫譯：愛與正義與摩托車）」Personal Work / 2016

森倉 円 | MORIKURA en

— URL morikuraen.tumblr.com — Twitter morikuraen

— E-MAIL enxcanvas@gmail.com

— TOOL CLIP STUDIO PAINT EX / Cintiq 27QHD

— PROFILE 自由接案插畫家。京都府出身，現居關西。創作領域以遊戲角色設計、書籍裝幀插畫與插圖為主。

— COMMENT 我在畫女孩的時候，為了讓人有親切的感覺，我會特別注重在畫眼睛與嘴巴的表情，也會仔細畫髮尾或指尖的細節，希望替作品增加一點現實感。我擅長描繪活生生的女孩，就像是平常身邊常見到的女孩的感覺。我的畫風特色應該是柔和的線條與上色方式。關於今後的展望，希望能創作出可以讓人印象深刻，深具魅力的插畫作品。

1 2 | 3 | 4

1 「最後の夏（暫譯：最後的夏天）」Personal Work / 2016
2 「SCHOOL GIRLS」Personal Work / 2014
3 「CLIP STUDIO PAINT 使用講座」草稿用插圖 / 2015 / CELSYS
4 「ぴーす！（暫譯：和平！）」Personal Work / 2016

やすも | YASUMO

— URL yasumo01.tumblr.com — Twitter yasumo01

— E-MAIL yasumo01@gmail.com

— TOOL Photoshop CC / SAI / Intuos 4

— PROFILE 插畫家。主要的工作有電擊文庫的《監獄学校にて門番を（在監獄學校當看門守衛）》（中文版由青文出版社出版）、講談社輕小說文庫的《東京アリスゴシック（Tokyo Alice Gothic）》、富士見書房的《新たなる敵はじめました（暫譯：新的敵人開始了）》、MONSTER 文庫的《ぼっちがハーレムギルドを創るまで（暫譯：從孤獨一人到建立後宮公會為止）》的插畫等。

— COMMENT 我總是盡我所能畫出讓觀眾第一眼看到就能印象深刻的作品，因此我會花工夫處理光影的呈現、畫出空氣感來營造出具有深度的畫面，聚焦在我想呈現的地方並讓其他地方模糊掉等等。此外，由於我喜歡日式風格與懷舊風格的插畫，所以常常畫這類的題材。希望未來的工作也能以輕小說為主，但是為了擴展創作題材，希望也能有遊戲插畫之類不同領域的工作機會。

1 2
3 | 4

1 「ヒイラギエイク（Hiiragi Ache）/ 海津ゆたか」裝幀插畫 / 2016 / 小学館
2 「pixiv 插畫家年鑑 2016」投稿插畫 / 2016 / pixiv
3 「吸血鬼」Personal Work / 2016
4 「pixiv girls collection 少女の夏休み（暫譯：pixiv girls collection 少女的暑假）」封面插畫 / 2015 / pixiv

ヤマウチシズ | YAMAUCHI siz

— URL itisnotallover.blog37.fc2.com — Twitter kimagure_salad
— E-MAIL borderover@gmail.com
— TOOL SAI / Photoshop CS2 / Bamboo

— PROFILE 住在德島縣的插畫家。主要的工作是書籍的裝幀插畫與插圖、手機遊戲的角色設計等等。插畫作品從頭到尾都是以數位方式繪製。興趣是動畫、鐵馬旅遊、走訪咖啡店與 Hip hop 嘻哈文化。也喜歡 TRPG（桌上角色扮演遊戲）。

— COMMENT 我畫畫時特別講究角色與背景之間的平衡。第一眼看到作品時感受到的美當然重要，但我更重視經得起考驗與鑑賞的細緻度，因此會下工夫描繪插畫中的某些地方，讓它們變成引人入勝之處。說到我的畫風特色，大概應該是我畫的角色好像體溫都比較低（臉色蒼白）吧。可能是因為這樣，我常接到恐怖的或是和鬼有關的插畫工作。關於未來的展望，希望我能創作出光看畫面就能讓人感受到美麗、懷舊、悲傷或恐怖等氛圍的插畫。

1 2
3 | 4

1 「ハナシマさん（暫譯：華志摩小姐）／天宮伊佐」裝幀插畫 / 2016 / 小学館
2 「窓辺の色彩（暫譯：窗邊的色彩）」Personal Work / 2016
3 「カメラを向けるとピースする（暫譯：對著相機做出 Peace 手勢）」Personal Work / 2016
4 「ホーンテッド・キャンパス 春でおぼろで桜月（《超自然研究會 3：櫻宵盛開之下》，中文版由四季出版公司出版）／櫛木理宇」裝幀插畫 / 2016 / KADOKAWA

U井T吾 | YUUI thiigo

— URL pixiv.me/hiromihidemi — Twitter It_ui

— E-MAIL avalanchestore01@gmail.com

— TOOL Photoshop CS3 / Illustrator CS3 / SAI / Intuos 3

— PROFILE 插畫家。主要的工作是角色扮演遊戲、SNS 遊戲中的角色設計、角色服裝設計等。

— COMMENT 我經常畫乘坐在交通工具上的女孩。我覺得讓打扮時尚的女孩像男孩一樣坐在改裝車上是很帥的一件事，希望我有好好地表現出這個組合的優點。我畫的插畫大部分都會製作成貼紙或鑰匙圈等延伸商品，因此我會刻意不畫太多細節，並且加強重點，讓重點與不重要的地方看起來有強烈的對比。工作方面，不論是雜誌的插圖、商品或遊戲角色設計等，我都希望自己能更柔軟地應對。我隨時都在徵求工作，如果能與我聯絡我會非常開心。

1 2
3 4 5

1 「RC ビートル 01（RC BEETLE 01）」貼紙插圖 / 2016 / TANSAN
2 「RC ビートル 02（RC BEETLE 02）」貼紙插圖 / 2016 / TANSAN
3 「バンバン（BAN BAN）」貼紙插圖 / 2016 / TANSAN
4 「ベレット（BELLETT）」貼紙插圖 / 2016 / TANSAN
5 「Good music, Good life / The Maaya Volta」包裝插畫 / 2016 / The Maaya Volta

Sketch Book
Pioneer

YUGO.

— URL　yugo.link　— Twitter　yugo_artwork

— E-MAIL　mail@yugo.link

— TOOL　Photoshop CS6 / Illustrator CS6 / Pixeimator / 油性筆 / 壓克力顏料

— PROFILE　隸屬於「digmeout」創作團體（譯註：大阪「FM802」廣播電台發掘新銳藝術家的企劃）。曾為「go!go!vanillas」、「Suchmos」、「SISTERJET」等樂團設計插畫，插畫創作以音樂與時尚領域為主，涵蓋專輯或音樂活動的藝術設計、時尚雜誌的插畫等。

— COMMENT　我本來就很喜歡 Beatles 與 Strokes 之類的西洋音樂，我想將這樣的音樂風格與長得像自己的外國人放到插畫裡，因此我常常畫有白皮膚和雀斑的年輕人，希望觀眾能從我的作品聯想到某個故事或是音樂，我畫每張圖都會特別注意這點。我想透過插畫表現出搖滾樂中的反骨精神，因此我常常畫那些看起來不太高興或咬著香菸的人物。另外，我非常喜歡粉紅色、紫色和薄荷綠等顏色，因此我的畫風特色就是會常常將這些顏色大量地用在背景及畫面的重點處。關於今後的展望，我會更加努力，讓更多音樂家願意將各種有趣的工作交給我。

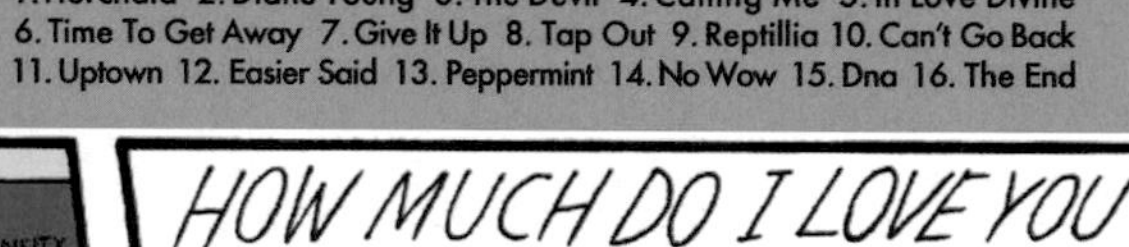

1 2 | 4
3 | 5

1 「RIOT LIPS CLUB」Personal Work / 2016
2 「MUST」Personal Work / 2016
3 「Don't Save Me」Personal Work / 2016
4 「DUST CITY MARKET」Personal Work / 2015
5 「THE INSTANT FAME」Personal Work / 2015

I COME TOGETHER IN THE MIDDLE OF THE NIGHT,
OH THAT'S AN ENDING THAT I CAN'T WRITE,`CAUSE
I'VE GOT YOU DOWN......??
$3.50
DEVIL CREAM
100% DARK
$2.20
HATE COLA
$1.70
$4.00
WHITE! NOISE
Coldme
FIX
100% FAKE
$1.20
THE NOTICE!
100% GUILTY
NO YOU'VE GOT IT THE WRONG WAY,
ROUND YOU SHUT ME UP AND BLAMED
IT ON THE BROWN CORNERED THE.......
DOMESTIC CREAM
9PACK
THE INSTANT FAME.
ILL HEALTH...

ユエ | YUE

— URL mementomori1113.wix.com/valar — Twitter memento1113
— E-MAIL yue.mementomori@gmail.com

— TOOL COPIC 麥克筆 / 彩色墨水 / 南非國寶茶

— PROFILE 現居札幌的插畫家。創作涵蓋遊戲插畫、藝術家周邊商品、書籍插畫等領域。也參加日本各地的原畫展與現場販售會。

— COMMENT 我希望讓插畫具有故事性，如果觀眾看了我的插畫後能衍生出自己的故事，我會很開心的。我畫畫時會將淺淺的顏色重疊，讓主體像是融入到背景裡那樣。我的每張原畫都是唯一的一幅，我認為這就是手繪的優勢，我畫每張圖時都希望能讓觀眾有「想去看看這張原畫」的感覺。關於今後的展望，因為我很喜歡書，我會繼續努力，希望能獲得小說裝幀插畫等可以代表一本書的工作。

1 2 | 3 4

1 「落雷（暫譯：打雷）」Personal Work / 2016
2 「飛鼠（暫譯：蝙蝠）」Personal Work / 2015
3 「もろともに（暫譯：一起）」Personal Work / 2015
4 「泥生」Personal Work / 2016

雪下まゆ | YUKISHITA mayu

— URL mognemu.tumblr.com
— Twitter mognemu
— E-MAIL mognemu@gmail.com

— TOOL Photoshop CC / Bamboo

— PROFILE 常在數位插畫中活用以前畫油畫的經驗，以厚塗上色技法為主。大部分作品為人物畫，擅長以少女為題材的淡色調插畫。

— COMMENT 我喜歡畫畫，為了讓插畫有平易近人的感覺，我會注意不要畫得太寫實。我的畫風特色應該是小惡魔感的女孩以及藍紫色調的陰影。關於未來的展望，希望我能獲得小說裝幀插畫、雜誌插圖或是與藝術家的合作等機會，各領域的插畫我都想試試看！

1 2 | 3 | 4

1 「momoko」緑川百々子アンソロジー（緑川百々子選集）『すうさいどプールサイド』投稿插畫 / 2016
2 「make up」GirlsReserchPress 封面插畫 / 2016 / Twin Planet
3 「甘い（暫譯：甜甜的）」Personal Work / 2015
4 「mashiiro」CHEERZ BOOK 5 / 2015 / NON-GRID

ゆの | YUNO

— URL yuno.jpn.com — Twitter _emakaw

— E-MAIL yuno.illust@gmail.com

— TOOL IllustStudio / CLIP STUDIO PAINT PRO / FAVO / iPad Pro / Apple Pencil / 水彩 / 原子筆

— PROFILE 1989 年生，畢業於 Setsu Mode Seminar 設計學院。2013 年擔任 SQUARE ENIX 遊戲公司《BRAVELY SECOND（勇氣默示錄 2）》遊戲中的怪物圖鑑設計，之後開始以自由接案插畫家的身份創作作品。

— COMMENT 像是曾在路上遇見的 10 多歲少女的側臉、或是等人等到厭煩的表情，對我來說這些從少女到 20 多歲女性的表情都充滿了魅力，為了不要忘記，我會用眼睛記錄並畫出來。在我的作品中，不論用色多或少，我所思考的都是如何畫出充滿生命力的線條。關於未來的展望，我希望能有書籍裝幀插畫、角色設計與時尚相關的插畫等等，各領域的工作機會。

1 2
3 4 5

1 「ブラニフ x YUNO（BRANIFF x YUNO）」T 恤用插畫 / 2016 / BRANIFF
2 「(un) sentimental spica / 鎖那」CD 封套 / 2016 / prix
3 「わたしのアール（暫譯：我的 R）/ 和田たけあき（くらげ P）」MV 用插畫 / 2015
4 「きこえてる、（暫譯：聽見了）」Personal Work / 2016
5 「サンリオピューロランド 25 周年記念 Puro Kawaii Festival（三麗鷗彩虹樂園 25 週年紀念）」主視覺 / 2016 / 三麗鷗彩虹樂園

MILK

夢ノ内千春 | YUMENOUCHI chiharu

— URL www.pixiv.net/member.php?id=229788 — Twitter yume335

— E-MAIL yumenouchi33@yahoo.co.jp

— TOOL Photoshop CS6 / SAI / Cintiq 24HD touch

— PROFILE 在社群遊戲公司上班大約 3 年，之後於 2016 年 2 月起轉為自由接案的插畫家。目前的創作以夢幻可愛風的「AI & EI」系列為主，以傳達可愛感為目標。

— COMMENT 我畫線稿時注重的是動感。我擅長的主題，是運用穿搭與獸耳等元素營造出充滿女孩風的插畫，人物的臉部則以上妝的女孩為印象來描寫。我畫插畫時重視的是讓女性感覺到「可愛」，我擅長的是夢幻可愛與奇幻風的插畫。我目前的工作大部分都和商品插畫有關，未來如果能擴展到服飾與雜貨商品等領域的話，那就太令人高興了。

1 2
3 4 5

1 「liberment / 徒然」收錄於聯合出版刊物上的插畫 / 2015
2 「AI & EI」明信片插畫 / 2016
3 「TwinAlice / Queen of hearts」收錄於聯合出版刊物上的插畫 / 2015
4 「liberment / 狐遊ビ（暫譯：狐狸嬉戲）」收錄於聯合出版刊物上的插畫 / 2015
5 「私を思って（暫譯：牽掛著我）」Personal Work / 2016

夜汽車 | YOGISYA

— URL yogisya.noor.jp **— Twitter** YOGISYA

— E-MAIL yogisya@uk.noor.jp

— TOOL Photoshop CC / Painter 2016 / Intuos 4

— PROFILE 我最喜歡畫畫，我的作品有因興趣而畫的插畫，也有和大型遊戲機台、TCG 或書籍合作的插畫。

— COMMENT 我在畫臉的時候，會特別用心畫出像是在發光般的美麗。另外，我也相當講究衣服的裝飾等細節。我的畫風特色應該是水彩風格與少女感吧。上色的時候，我會特別注意去呈現少女的感覺與溫柔的氛圍，我使用的軟體主要是 Painter，它正好符合我的需求。關於今後的展望，我希望能多出幾本以自己喜好為主題的插畫集。如果有需要柔和溫暖氛圍插畫的工作機會，不論是什麼領域，都歡迎和我聯絡。

1 2 | 3 | 4

1 「mayla classic Petoroshan」合作插畫 / 2016
2 「きいちごの木の神隠し魔女（暫譯：木莓之木的失蹤女巫）」Personal Work / 2016
3 「夜の訪れを忘れない魔女（暫譯：別忘了夜晚來訪的女巫）」Personal Work / 2016
4 「15 区の街にたたずむ花咲く魔女（暫譯：停駐在 15 區的開花女巫）」Personal Work / 2016

15

yoco

— URL ocoy.tumblr.com — Twitter —

— E-MAIL babyrain322@yahoo.co.jp

— TOOL Photoshop 5 / ComicStudioPro 4 / FAVO

— PROFILE 插畫家。目前從事裝幀插畫與書籍插圖等工作。

— COMMENT 我創作時最講究的是如何透過插畫來表演的構圖方式。我喜歡的是像從故事中切出一個場景那樣的插畫，但工作上以裝幀插畫居多，我會思考對讀者來說這本書應該切出怎樣的場景，怎麼畫才是適合讀者的表現手法。關於今後的展望，不分男女老幼、不拘國家或年代的各領域題材我都想要畫畫看。

1 2
3 4

1 「悪魔のソナタ（暫譯：惡魔的奏鳴曲）/ Oscar. De Muriel（著）、日暮雅通（譯）」裝幀插畫 / 2016 / KADOKAWA

2 「パブリックスクール- 檻の中の王（《悖德學園－籠中之王－》，中文版由東立出版社出版）/ 樋口美沙緒」裝幀插畫 / 2015 / 德間書店

3 「錬金術師と不肖の弟子（暫譯：鍊金術師與不肖的弟子）/ 杉原理生」裝幀插畫 / 2016 / 德間書店

4 「B's-LOVEY アンソロジー　明日、死ぬ。（暫譯：B's-LOVEY 文集　明日，死亡。）」裝幀插畫 / 2016 / KADOKAWA

ヨシジマシウ | YOSIZIMA siu

— URL haru0209.jimdo.com
— Twitter shiuriri
— E-MAIL cba04590@nifty.com

— TOOL 壓克力顏料 / 簽字筆 / Photoshop CS4

— PROFILE 描繪毒女之愛的「毒百合」插畫家（譯註：「毒女」指獨身女子，「百合」指女女之愛）。活躍於百合插畫、漫畫、服飾插畫設計等領域。

— COMMENT 說到我在繪圖上的講究之處，其中一點是角色必須帶點奇異的現實感，另外一點是就算我將現實與非現實的世界揉和在一起，看起來仍會令人感到親切，我想畫出這樣不可思議的世界。我也很講究眼睛的畫法，會盡量不要顯得太過可愛。說到我的作品特色，應該是以懷舊的配色與筆觸來表現女性之間的愛情吧。目前我很榮幸能以插畫家的身份工作，未來有機會的話也想試試看漫畫之類的工作。

1	2	4
	3	5

1 「おたのしみ（暫譯：敬請期待）」Personal Work / 2016
2 「洗濯（暫譯：洗衣服）」Personal Work / 2016
3 「温暖化の休日（暫譯：暖化的假日）」Personal Work / 2016
4 「制服ナイト（暫譯：制服之夜）」活動傳單 / 2016 / TIPSY
5 「金魚すくい（暫譯：撈金魚）」Personal Work / 2016

米滿彩子 | YONEMITSU ayako

— URL torica5.tumblr.com — Twitter torica5
— E-MAIL torica_5@yahoo.co.jp

— TOOL 壓克力顏料

— PROFILE 現居千葉縣。創作活動主要是以自由接案藝術家身分舉辦展覽。除此之外也有從事書籍裝幀插畫與連續劇用的插畫等等，近幾年逐漸擴展活動範疇。

— COMMENT 我的創作題材以少女為主，反覆畫著逝去的時間與溶化的輪廓等主題。我想所謂的插畫，應該是透過其他人的觀點來探索新表現的可能性吧。

1 2
3 4

1 「自殺予定日（暫譯：預定自殺日）／秋吉理香子」裝幀插畫 / 2016 / 東京創元社
2 「pink」Personal Work / 2016
3 「blue」Personal Work / 2016
4 「少女奇譚あたしたちは無敵（暫譯：少女奇譚　我們是無敵的）／朝倉かすみ」裝幀插畫 / 2016 / KADOKAWA

loundraw

— URL loundrawblr.tumblr.com — Twitter loundraw

— E-MAIL loundraw@gmail.com

— TOOL Photoshop CS6 / Illustrator CS6 / SAI / CLIP STUDIO PAINT PRO / Cintiq 24HD

— PROFILE 插畫家、設計師、漫畫家。為書籍、設計雜誌、CD 封套等不同媒體設計主視覺。從角色設計到故事創作，創作範疇相當多元。

— COMMENT 每次的工作中，我都會綜合性地思考角色特性、故事的方向性、跨媒體等方面，摸索著如何將自我發揮到極限，與作品相輔相成、展現出最佳品味。我的畫風特色是精緻的空間設計，加上以空間為基礎之景深、鏡頭光暈等運用，創作出只有插畫才能呈現的、接近真實的瞬間與氣氛。今後我的創作將不限於插畫，希望挑戰從各式各樣的角度與方式，創造出具有世界觀、空氣感的作品。

1 | 3
2 | 4

1 「はじまりの速度（暫譯：開始的速度）/ 三月のパンタシア（三月的 Phantasia）」CD 封套 / 2016 / Sony Music
2 「The MANZAI / あさのあつこ」/ 2016 / POPLAR Publishing Co., Ltd.
3 「GIRLS DON'T CRY」海報插畫 / 2016 / 2.5D
4 「また、同じ夢を見ていた（又做了同樣的夢）/ 住野よる」裝幀插畫 / 2016 / 雙葉社

Ryota-H

— URL　rakugakijikan.ninja-web.net　— Twitter　Ryota_H

— E-MAIL　——

— TOOL　CLIP STUDIO PAINT EX / Cintiq 13HD

— PROFILE　曾做過插畫、漫畫與動畫的設定工作，目前主要工作是在動漫與遊戲廠商「Cygmaes」的網路漫畫服務「サイコミ」上連載漫畫，以及為各類活動創作以童話為題材的插畫。

— COMMENT　如果問我對繪畫有特別講究什麼，由於我創作的領域很廣，我會認真思考每個作品的目的、需要呈現出來的是什麼，我想那就是我講究的地方吧。比方說，如果是畫戰鬥場景，最重要的是畫出充滿魄力之處；如果是以角色為主的場景，最重要的就是角色設計與上色，以及該角色在畫中的辨識度等等。我常被委託有關場景描寫與氣勢十足的插畫，或許是因為我原本就是從事動畫製作，也曾獲得好評的關係吧。關於今後的展望，希望能以漫畫為主，插畫方面也能繼續以個人身分創作與童話相關的作品。

1 「アリスとキノコとお茶会（暫譯：愛麗絲、菇類與茶會）Personal Work / 2015

2 「Little Bloody Red Riding Hood」Personal Work / 2015

3 「Schneewittchen」Personal Work / 2016

4 「Die goldene Gans」Personal Work / 2016

れい亜 | REIA

— URL ranicaronica.net — Twitter aosorayuri24

— E-MAIL sora0_reiao@yahoo.co.jp

— TOOL SAI / Photoshop CS6 / CLIP STUDIO PAINT PRO / Cintiq 22HD touch

— PROFILE 青森縣出身，現居神奈川縣的插畫家。預計從 2017 年起要正式以自由接案的插畫家身分展開創作。目前的工作主要是輕小說的裝幀插畫、書籍插圖，以及和企業品牌合作角色設計等。

— COMMENT 我創作時非常注重「顏色」和「可愛感」。我所畫的內容基本上以女孩為主，我總是努力呈現出有朝氣的、令人不由自主地心動的氛圍。我常思考將女孩與我喜歡的什麼主題相結合，能產生什麼令人雀躍的作品，要找出這樣的組合雖然很困難，但過程也充滿了樂趣。說到我的畫風特色，因為我喜歡土耳其藍與綠松石綠等顏色，我畫畫時一定會使用這些顏色。關於今後的展望，我最大的目標是希望能有東京奧運相關的工作機會，接著便是與動畫等的跨媒體製作，還有發行畫冊等等。

1 「幸せとウェディング（暫譯：幸福與婚禮）」Personal Work / 2016
2 「あの日のパレード（暫譯：那天的盛裝遊行）」Personal Work / 2016
3 「ふわり（暫譯：輕飄飄）」Personal Work / 2016

YKBX

— URL www.ykbx.jp — Twitter YKBX
— E-MAIL mg-ykbx@robot.co.jp
— TOOL Photoshop CC / Illustrator CC / Maya / Zbrush / SAI / Intuos 5 / Cintiq 27HD touch / iPad Pro

— PROFILE 導演 / 藝術總監 / 藝術家。創作涵蓋多種影片作品的導演與製作、插畫與視覺設計等等，橫跨多元領域。目標是成為全方位的藝術指導，發表過的許多影片作品，在日本與海外的影展與活動中都深獲好評。最近的工作是在「初音未來・VOCALOID」推出的歌劇《THE END》中擔任視覺總監、導演、影像總監等職務。

— COMMENT 我創作插畫時，會思考主題的意義、附加價值、世界觀與主色、留白、與其他媒體或內容的連結感與策略等等。由於我有很多為影片或活動創作插畫的經驗，我在製作時會特別確認插畫與影像作品彼此的相乘效果與存在意義。我現在正致力於創作出新形式的體驗型內容，並且更新自己從前的作品，將各式各樣的東西組合在一起。

1 2
3 4 5

1 「世界収束二一一六（暫譯：世界末日二一一六）/ amazarashi」CD 封套 / 2016 / Sony Music Asociated Records
2 「世界収束二一一六（初回生產限定盤 B）（暫譯：世界末日二一一六）/ amazarashi」CD 封套 / 2016 / Sony Music Asociated Records
3 「それは小さな光のような（初回生產限定盤 B）（暫譯：仿如微光）/ 酸欠少女さユリ」CD 封套 / 2016 / Sony Music Ariola
4 「それは小さな光のような（初回生產限定盤 A）（暫譯：仿如微光）/ 酸欠少女さユリ」CD 封套 / 2016 / Sony Music Ariola
5 「NYLON JAPAN 2015 年 11 月號特刊」封面 / 2015 / CAELUM /

WYX2 | WAIWAI

— URL hakugei3.wordpress.com
— Twitter WYX2
— E-MAIL siroikuzira8@gmail.com

— TOOL Photoshop CS5 / Intuos 4 / 鉛筆

— PROFILE 在某遊戲公司工作數年之後，成為自由接案的插畫家並參與藝術活動。對我來說，無論是商業設計或藝術設計的作品，我創作時並不會有所區分，兩者並沒有明顯的界線。不論是哪一個，只要是自己創造出來的東西，我都希望能盡可能地獲得更多人的共鳴。

— COMMENT 我創作時，一方面想要呈現數位繪畫之美，另一方面我也同時在思考著如何保留「畫的是人類」這種有黏俗的感覺。為此，我會盡可能地運用透視線條，以及刻意用鉛筆來畫作品中主要的線條，即使過程中擦去鉛筆的痕跡可能會將紙張弄髒，如果那樣能為作品增添一些韻味的話那就好了。關於今後的展望，我想朝著各種娛樂相關的事業發展，希望也能同時繼續追求畫出我自己能認可的作品。

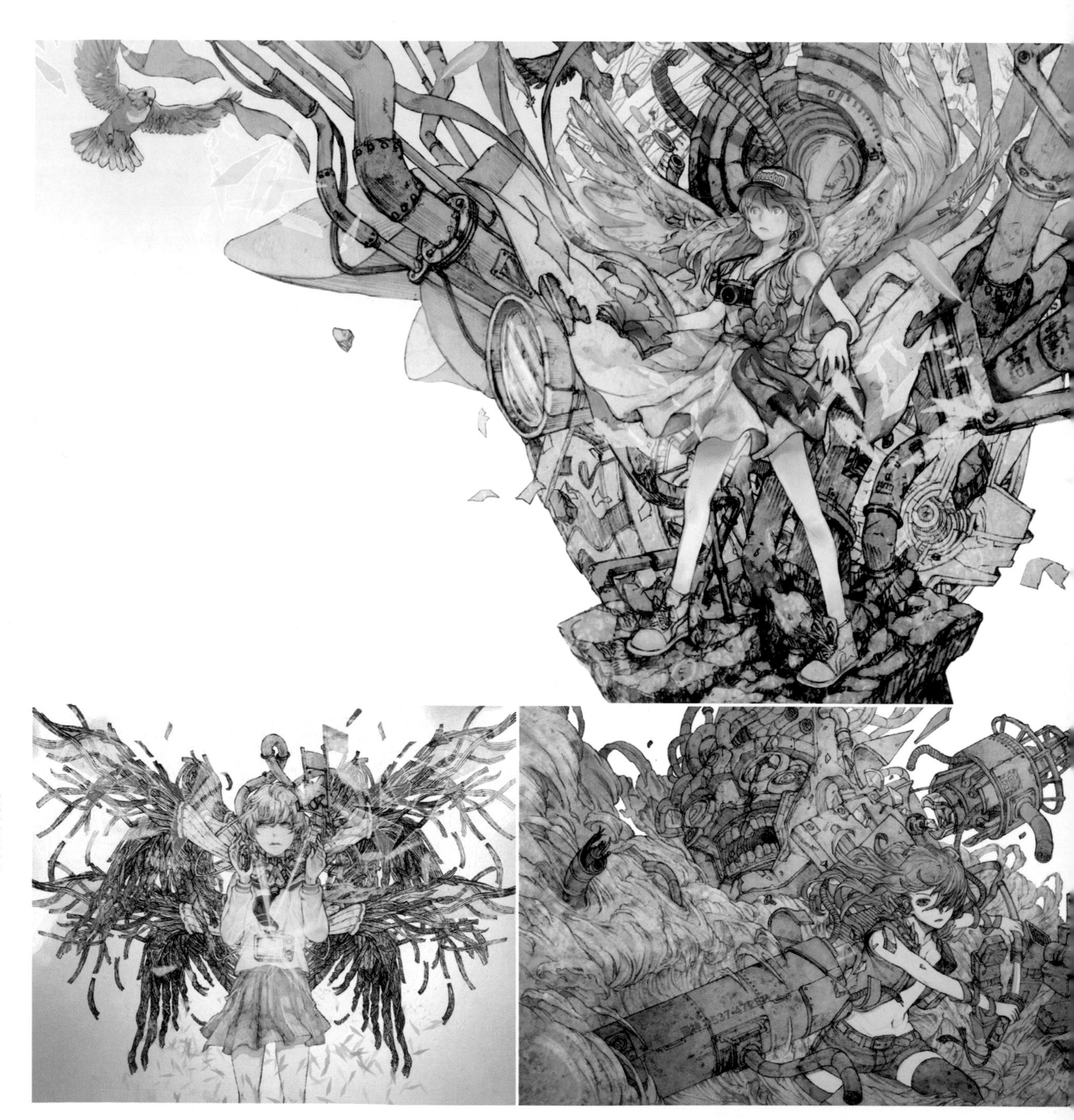

1 「戦場のカメラ少女（暫譯：戰場上的相機少女）」Personal Work / 2015
2 「メシア（暫譯：彌賽亞）」Personal Work / 2012
3 「破壊 girl（暫譯：破壞之女）」Personal Work / 2012
4 「宇宙服（暫譯：太空衣）」Personal Work / 2015

E-002N
JPT-103
2234-5A
JAPAN
第103地区
大阪下町（株）連合

wataboku

— URL　www.wataboku.com　— Twitter　wataboku_

— E-MAIL　watabokuinfo@gmail.com

— TOOL　Photoshop CC / CLIP STUDIO PAINT PRO / Cintiq 13HD Creative Pen Display

— PROFILE　以懷舊的制服少女插畫令人印象深刻的日本數位藝術家。從 2015 年開始於 Twitter、Facebook、Instagram 等社群媒體發表作品並獲得廣大迴響。最近除了原創作品外，也積極進行與模特兒和藝術家的合作企劃，在日本及海外都廣受矚目。

— COMMENT　我在繪製插畫時，會特別表現出女性的身體特徵，並不是從性感方面去呈現，而是透過強調視線與臉部特色，加深我所感受到的女性氣質。我常常被臉上有鬱悶表情的女性吸引，並不限於特定的誰，我想那都會反映在我的作品上吧。關於今後的展望，我有很多想做的事，首先是我的作品大多在畫女性，有機會的話，也想嘗試畫男性的作品；另外因為我喜歡音樂，希望也能有設計 CD 封套之類的工作機會。

1 「君去りし街(暫譯：你離去的街道)」Personal Work / 2016
2 「感染」Personal Work / 216
3 「Roland JUNO-DS」黑膠唱片用插畫 / 2016 / Roland
4 「CLIP STUDIO PAINT」形象插畫 / 2016 / Celsys

藝術總監 團 夢見 訪談

從設計師角度看當代的插畫風格

藝術總監－團 夢見小姐，活躍於小說漫畫、動畫等領域，經常與插畫家們密切合作。
設計師資歷超過 10 年，至今參與過的作品超過數百件。
她將從細膩的作風、手段柔軟的設計師角度，分享如何看待現在的插畫風格。

Interview & Text : Nao Niimi(KAI-YOU)

Q：您在當設計師之前，就以插畫家身分在創作了對吧。

「我從高二開始就專攻設計，後來進入美術大學就讀。畫畫原本只是因為興趣而畫，剛好被插畫徵稿活動選上，就這樣以商業插畫家身分出道了，但是也沒有因此接到工作，畢業後整天無所事事。後來經由朋友的介紹，說有漫畫家的事務所需要人幫忙，就因為這個緣故而進入『伸童舍』工作。」

Q：您在「伸童舍」裡負責什麼樣的工作？

「當時在『伸童舍』裡最活躍的設計師是しいば みつお老師，必須在社內競賽贏過他才能得到工作。剛開始時我當然完全沒有獲勝過，只能過著屢戰屢敗的日子。不過，後來因為『伸童舍』要創立雜誌的關係，我被委託負責做內文的頁面設計。從那時候開始，我也漸漸在內部競賽中取得勝利，並一次次地獲得設計工作，累積了快兩年的工作經驗。到了 2007 年時，由於我個人方面也漸漸接得到工作了，因此就決定獨立出來開設計事務所。」

Q：您從「伸童舍」時期開始，就已經是像現在這樣，以漫畫、輕小說和動畫為主，工作內容全都跟娛樂相關嗎？

「『伸童舍』一開始就是專門做動畫相關的企劃設計與動畫製作的公司，後來演變為只剩下設計部門，因此工作內容就變成以漫畫與動畫為主了。而我也順著這種潮流，目前娛樂相關的工作佔了大半。」

《パンティ＆ストッキング with ガーターベルト（吊帶襪天使）》
Blue-ray 包裝／2010／角川映画

Q：做了這麼多小說、漫畫、動畫與其他領域的設計工作，有讓您自己印象深刻的作品嗎？

「我印象最深刻的應該是《パンティ＆ストッキング with ガーターベルト / Panty & Stocking with Garterbelt》（以下稱《吊帶襪天使》）吧。從作品的 LOGO 開始，到 Blu-ray 光碟外盒、模型外包裝等包裝設計、異業合作的內褲設計，我參與了非常多的作品。但是說到動畫的案子，就算已經出到《吊帶襪天使》的第二部，我還是不太習慣。我一開始去拜訪（負責製作的）GAINAX 公司的時候，導演和製作人也有一起去，但因為我太緊張，什麼都不記得了（笑）。GAINAX 公司對作品整體有非常多堅持和講究，製作方針是將作品概念反應在一個個的包裝上，在設計、討論、修正、再次提案的過程中，有段時間我每個禮拜都去報到。」

Q：您在設計《吊帶襪天使》的時候，有特別注意什麼地方嗎？

「我並不覺得動畫怎樣就應該做成那樣的設計，我在乎的是想做出讓對美式漫畫和時尚有興趣的人都會想伸手拿的包裝設計。我從美式漫畫中學到很多，當時正好流行裝飾性強的原宿系時尚，讓我注意到色彩鮮豔的包裝。我就將這些概念融入設計，希望客人拿到商品的時候會覺得開心。」

Q：您也有設計『noitaminA』頻道播放的《UN-GO》動畫節目對吧。字體設計真令人印象深刻。

「《UN-GO》的主題是文藝方面的，所以文字的編排和字體的選擇應該要和其他動畫有所不同。字體設計方面，最初洽談時就確定了形象，這是無庸置疑的。至於動畫方面，設計的時候，雖然影像還沒有完成，但是事前的企劃書和資料準備得相當充足，角色設計也大致有規劃了。和連載漫畫的 LOGO 相比，設計時的資源比較多，也比較好發揮。」

Q：您也有參與新潮社的新文庫輕小說《nex》的設計。線條分明的字體搭配活躍的插畫家作品，讓人印象深刻。

我特別在乎的是 要做出讓人伸手拿的時候 會感到開心的設計

「當時編輯們給我的要求是『希望盡量做到看起來帥氣』。因此我的設計方針是：即使稍微犧牲標題可讀性，也是沒問題的。一般來說，因為輕小說的尺寸較小，通常編輯會要求設計師把標題做得比其他媒體更大一些；但他們反而跟我說:『請忽視這些，把包袱拋開吧。』我剛開始提案的標題，是可讀性比較高的，但是卻被以『還能更好吧？』的理由退稿了（笑）。從那時候開始，我就放手去設計了。」

Q：我很少在文庫本看過這種讓字體和插畫都變得很醒目的設計。您也有設計插畫家清原紘老師（P080）的 2 本插畫集，這是因為您們都有參與《nex》的關係嗎？

「我想應該是有人看到了《nex》的設計而來委託我吧，我真的覺得很光榮。不管是來自清原老師要求的，或是出版社，設計上都是全權交給我決定。最初由講談社出版的《清原紘画集 PRESENCE》，是收錄從清原老師曾參與的作品中節選出來的插畫，從一開始就確定了這個方向；而較晚出版的《Anamnesis 清原紘画集》，則收錄了危險妖豔風的插畫，因此我的提案也是朝兩本成對般的方向去設計。最後演變成為兼顧危險風的設計感，清原老師也說很喜歡。」

Q：您在做設計時，是否曾有感到辛苦的時候？

「我，不太會設計 LOGO...」

Q：是這樣嗎？真令人意外！

「LOGO 設計實在太令人煩惱了，是最花時間和力氣的工作吧。每當我煩惱的時候，腦中常被『靈感是否不會再來了？』、『要是這樣下去就只好別做設計了吧！』這些想法追趕著（笑）。這是自己和自己的戰爭啊。」

「UN-GO」海報／2011／東寶

Q：在編排插畫時，您曾經感到迷惑嗎？

「在編排到整體細節豐富的插畫時，有時候會發生不知道該把標題放在哪裡的狀況呢！由於我個人喜歡元素熱鬧豐富的設計，有時也必須把標題重疊在元素較多的地方。當然也有過為了不要放太多資訊，而將訊息控制在最低限度的情況。最重要的還是看怎樣呈現作品的效果最好，此外也必須考慮作者的喜好。曾有過提出好幾種設計案，讓喜歡的人來挑選的情況；相反地，也有過太自由而覺得辛苦的情況。像是在設計漫畫封面的時候，也曾有作者只給我們線稿，到這裡才把作品上色。依作品而異真的會有不同的狀況啊。」

「スキュラ＆カリュブディス：死の口吻（暫譯：斯庫拉與卡律布狄斯：死亡口吻）
（譯註：斯庫拉與卡律布狄斯皆為希臘神話中的海妖，各自守護墨西拿海峽的一邊。）」
illustration：清原紘／2014／新潮文庫 nex

「生存賭博」illustration：huke／2016／新潮文庫 nex

Q：的確會有這種狀況呢！那有沒有相反的狀況呢？比如說，您曾經提出修改插畫的要求嗎？

「那種事幾乎沒有發生過，不過倒是有過由我來修改插畫的狀況。最常見的是，初次發行單行本的作家在還沒適應的時候，被人家說『還可以更好』而想要改。在這種情況下，我會幫忙加上濾鏡調整一下色彩，如果是有分圖層的就幫忙修改一下構圖。但如果是手繪作品，以前就只能從頭重畫了，現在改成 CG 作業後，就變得簡單一點了。這些修改當然都是在取得原作者同意後才會執行，不過如果能讓呈現的效果更好，有時候我會在提案的階段就提出相關的調整建議。」

Q：近年來，具有設計師觀點的插畫家似乎變多了。

「那些常在個人網站或同人誌發表插畫同時也做設計的作者，在合作封面的時候，果然會提供有助於設計的資料呢。比如說會保留一些編排用的空間、將主題全部分圖層處理之類的。此外還有一些插畫家會事先決定好構圖，像是為了讓角色破框而出而特別描繪了指尖。像這樣連出血的部分也很仔細描繪，要改變封面構圖的提案時也會變得比較容易。」

無規則、混亂的當代背景
孕育了高度自由的插畫與設計

Q：您平常就會關注插畫家的消息嗎？

「我很喜歡玩遊戲，以前就曾經為了遊戲買過插畫集，像是畫《ロマンシングサ・ガ（復活邪神）》的小林智美老師與畫《FF（Final Fantasy）》的天野喜孝老師的作品集。不過現在不必用這種方式找插畫家了，我都改成從 pixiv 網站或是 Twitter 上流傳的插畫來確認。而且最近也有設計師作品集可以參考，連作家都很清楚設計師呢，雖然以前完全不是這樣，現在似乎有由作家來指定設計師的趨勢呢。」

Q：您也有當過插畫家，這對您現在做的設計有幫助嗎？

「雖然我自己沒有發現，但熟知我插畫的師傅しいば老師曾說過：『不論繪畫還是設計，用色就是妳的特色。』除了他之外，也有許多人這樣說過。設計方面也曾有人說我設計的作品『與其說是設計，不如說是像一幅畫般的感覺』。」

Q：您的用色的確令人印象深刻，其中透露出只有女性才有的細緻感性。您合作的作品是否也以女性取向居多呢？

「幾乎沒有男性取向的工作來找我呢！我本來就喜歡唯美的風格，我想那些或許是被我的中二心吸引過來的（笑）。」

Q：女性取向的作品，在設計與插畫方面有什麼特色嗎？

「或許只是我個人的喜好吧，我很喜歡乍看之下就覺得華麗的顏色與文字的擺放方式等等。不過最近對於插畫與設計，覺得自己好像失去了像這樣的特色或是潮流般的東西。在不久之前，只要講到輕小說，大家就會想到在白色背景上有著萌少女插畫的封面，有種『這種體裁的標準設計就是這個』的標準樣式，不過最近我覺得這種既定模式已經變混亂了。以前被稱為復古萌的懷舊風格，現在可能被說『這種畫風已經過時』而漸漸消失。畢竟有一百個人就會有一百種喜好，就容易產生一百種的插畫風格，但創作的人卻無法得到任何提示，這樣創作是很辛苦的，但做為這種體裁的粉絲卻是很開心的。若將小說體裁細分後，其實沒有哪種體裁需要絕對怎樣的風格，要是從現在開始替各體裁制定設計規則，也許從目前的混亂中產生的設計自由度也會消失吧。我覺得現在設計真的變得更自由了呢。比如說以前，BL 系作品的標題文字都是黃色或紅色、很大很顯眼的樣式，現在不是那樣了。曾有漫畫的編輯跟我說：『首先從一般漫畫開始改變風格，接下來是 BL 系的改變，最後改變的是青少年漫畫。』我聽了以後也有種『原來如此』的感覺呢。」

Q：這表示代表小眾的體裁也開始產生變化了對吧。也許正是這樣的過渡時期才能享受到混亂的樂趣，您對今後的插畫有什麼期待嗎？

「現在的表現手法真的非常多元化，我覺得只要持續地發表自己喜歡的東西，一定會吸引到別人的注意。然後透過與別人的合作，我相信插畫在未來一定可以更深入地發掘題材，以更多元化的手法表達。我認為要傳達訊息，光靠設計的話並不容易，但插畫就有這種力量。因此，如果能出現很多像這樣的插畫家，我想應該會很有趣吧。」

團 夢見 | DAN yumi

PROFILE | 設計師／現居東京都。主要的工作為從事 LOGO 與包裝設計，作品有動畫《パンティ＆ストッキングwithガーターベルト（吊帶襪天使）》、動畫《UN-GO》、動畫《悪魔のリドル（惡魔的謎語）》、動畫《コンクリート.レボルティオ（Concrete Revolutio～超人幻想～）》以及新潮文庫《nex》系列的裝幀設計。

URL | imagejack.tumblr.com

編輯 三木一馬 訪談

從編輯角度看當代的插畫風格

進入編輯部後經手超過 400 本的輕小說，從《ソードアート· オンライン（刀劍神域）》、《とある魔術の禁書目 （魔法禁書目錄）》開始， 三木一馬先生孕育了無數暢銷作品。 他在經歷了「電擊文庫」編輯長的工作後獨立， 創立了作家經紀公司而成為受矚目的編輯，他是如何看當代的插畫風格呢？

Interview & Text：Nao Niimi(KAI-YOU)

Q：聽說您在當編輯以前從來沒讀過「輕小說」，這是真的嗎？

「一般的文藝小說與國外推理小說，我或多或少還有在看，至於像《機動戦士ガンダム（機動戰士鋼彈）》跟《新世紀エヴァンゲリオン（新世紀福音戰士）》這種程度的知識則是等我進到 Media Works 出版社（現為 KADOKAWA 出版公司）後才知道。進公司第二年被分派到電擊文庫編輯部後，我就開始研究電擊文庫了。」

Q：從那之後的 15 年間，輕小說的市場和當時比起來成長了非常多。很多人都認為擔任電擊文庫編輯長的三木先生您就是造成這個潮流的中心。

「這樣說我真是非常光榮啊，謝謝大家。其實我既沒有意識到自己的位置，也不曾感到壓力。我從以前到現在完全沒有改變過，只是不斷地將覺得好的作家以及『這個很有趣所以可以出書』的書做出來而已。雖然有不少跨媒體的工作，但是對我來說，將輕小說改編成動畫或漫畫這樣的發展，只是很單純的『為了賣書的手段』。就像是製作書店用的 POP 宣傳海報，或是幫作品寫宣傳文案等，只是賣書的延伸作法。不過，依這些延伸手法的成效好壞，也會回饋到讀者對原著的注目度，也會左右銷量。因此，改編動漫成功的作品 = 可讓原著大賣，兩者是相關的，這就是我說的賣書的目的。」

Q：那麼，為了做成書籍，請人畫的封面與插圖，也可以視為『為了賣書的手段』嗎？

「不，那個不一樣。插畫家是和我們一起創作這本作品的『夥伴』。有作家、編輯，還有插畫家和設計師，這個群體組成一個團隊才能做成一本書，這是『為了大賣的手段』。所以我對插畫家的選擇非常講究。」

Q：那麼，您選擇插畫家的基準是什麼呢？

「讓我舉些例子來說明。像是我進入電擊文庫當編輯的第二年，就做了高橋彌七郎老師的《灼眼的夏娜》。高橋老師的文體並不是說艱深，而是有比較難理解的部分，絕對無法說是容易閱讀的文章。但是卻擁有讓會著迷的人馬上沉迷進去的魅力。我認為，如果可以增加閱讀的分母，雖然不喜歡艱深文章的讀者也會大量出現，不過那些會著迷的人應該也會大量增加。那要怎麼做才能增加分母呢？既然是艱深文章，我認為要搭配的插畫就應該找擁有感動人心畫風的插畫家。

「ソードアート．オンライン1アインクラッド（刀劍神域1 艾恩葛朗特篇）／川原　礫」

「灼眼のシャナ（灼眼的夏娜）／高橋彌七郎」

這是我個人的想法啦，比起什麼都能畫但不專精的插畫家，我決定選擇在擅長領域中擁有『畫這個我絕對不會輸』這種能力的插畫家。比起全部都是 60 分的，反而是其中有個 0 分或是 120 分的，更能讓大家留下印象。2002 年發行《夏娜》的時候，正是 PC 遊戲的全盛時期，很多活躍於此的遊戲原畫家都成了注目焦點，也擁有很多粉絲。其中，由 Unisonshift 公司推出的《忘レナ草（暫譯：勿忘草）》遊戲中，有個很有魅力的角色叫做「死神エアリオ（Eario）」，畫這個角色的插畫家就是いとうのいぢ老師。雖然のいぢ老師的畫風並不符合作品的艱深文體，但是輕小說的封面就像電視的 15 秒廣告，最重要的是必須在短暫的時間內盡可能地吸引觀眾的目光。能將《夏娜》的女主角畫的這麼可愛又引人注目的，我想除了のいぢ老師，再也沒有其他人選了。」

Q：雖然您說和內容不匹配，但在《夏娜》這個角色的確立上，插畫可說是有所突破而立了大功呢。

「的確是。後來我做《魔法禁書目錄》的時候，則是委託了はいむらきよたか老師，他同樣也是 PC 遊戲出身的插畫家，畫風是喜歡厚塗上色與運用黑體字。雖然當時流行的畫風是把人畫成眼睛閃亮亮的偶像，但是對於這本魔術與科學交織的《禁書目錄》來說，我認為必須要有魔術的氛圍，同時也要有高科技感，而且角色也不能顯得可愛。於是就委託了有本事回應我所有要求的はいむらきよたか老師。」

Q：看起來有些是以意外性勝出，有時是因為堅守品味，大部分是依故事需求來選擇插畫家對吧。這些都是三木先生您自已作決定的？還是會與設計師或編輯討論？

所謂好的插畫
通常是插畫家
心情愉悅時畫的作品

「小說完成後，我會以它為基礎請別人畫封面插畫，最後就交給設計師，幾乎都沒有和設計師討論過。因為我應該比設計師更了解作品吧，大多都是我自己一個人決定的。這樣講聽起來好像是多了不起的發言，其實我的想法很簡單，既然是自己相信的東西，就想要由自己決定，不希望以後因此而後悔，就是這種心情很強烈而已。」

Q：那麼，插畫也同樣是由您主導的嗎？

「我們講到插畫的內容，應該說是角色的指定，以及插畫可傳達出小說中多少程度的氛圍與概念。我對小說內容的意見很多，跟小說比起來，我給插畫創作的自由度是很高的。要問為什麼的話，因為我認為所謂好的插畫，應該是插畫家心情好的時候才能畫出來的啊。通常我是『因為這個人擅長這個』而委託給他，我想對那個人來說，這也是可以畫出最佳作品的好機會。如果插畫與小說之間有些許的矛盾產生，在以插畫呈現為優先的狀況時，我可能會拜託作家修改文章。雖然通常是先有小說，以小說為基準去畫插畫，但有時候插畫家會反被故事束縛，只表現出 80% 的實力，這時候我就會覺得是作品整體 (小說和插畫) 都不夠優秀。」

Q：那麼，在被插畫圍繞的大環境中，關於輕小說的標籤也不斷增加，三木先生您打算如何抓住潮流呢？

「話說標籤增加的這件事，我想也表示輕小說這類的內容已經廣泛地被一般人認識了，所以我基本上是贊成這件事的。我認為這個業界裡還保有『有趣的東西自然會被保留下來』這種自我淨化的作用。標籤增加得太快這件事，對讀者來說，現狀是花在輕小說上的時間、金錢都變多了。只有對插畫家來說是增加了工作機會呢。但是還有一個危險的趨勢，就是插畫家們『提早簽約』的情況變得很氾濫。如果在技藝尚未成熟的狀態下就出道，無法符合讀者的需求、沒有亮眼

編輯 三木一馬 訪談

從編輯角度看當代的插畫風格

「俺の妹がこんなに可愛いわけがない／伏見つかさ」
（《我的妹妹哪有這麼可愛！》，中文版由台灣角川出版）
封面插畫／illustration：かんざきひろ／2008／電撃文庫

「あおぞらとくもりぞら（暫譯：青空與曇空）／loundraw（漫畫）、三秋　縋（原作）」
漫畫／2016／Straight Edge Inc.

的銷售成績的時候，不但讓得來不易的經歷蒙上陰影，也可能會因此變得再也沒有工作機會上門，最後不得不離開輕小說業界。所以，我真心希望插畫家們能在出道之前再多磨練一下各種各樣的技術後再出道啊！」

Q：跟插畫家提早簽約的狀況激增，是否也因為在編輯之間，彼此搶插畫家的競爭率也提高了？

「對。會演變成這種情況，我想輕易起用新人的編輯應該要負起責任。對插畫家來說，要提早簽約也是沒辦法的事，因為太年輕了，有工作機會上門的話是很難拒絕的啊。」

Q：所以您的意思是，插畫家為了不要因此蒙上陰影，必須要張大眼睛，為自己的經歷選出好的工作機會才對。實際上，必須累積怎樣的經歷才好呢？

「首先，插畫家應該要清楚自己的生產力。生產力高的人，的確可以輕鬆接許多案子，但如果是『需要用 2~3 個月盡全力才能畫好一張高質感的作品』的人，他在一年之中只能用 5~6 個作品決勝負，就必須好好地思考，為了自己的經歷，這一年裡應該接受怎樣的工作。如果不是自己擅長的領域，拒絕就可以，繪畫技巧可以從經驗中慢慢培養，如果是畫自己喜歡的事物，技藝自然也會提升。不必去考慮『每種題材我都要畫得很好』，專注在『只有畫這個我不會輸給任何人』去發展的話，我想對於增加工作機會也是有幫助的。」

Q：真是非常實用的建議呢！在三木先生所擅長的跨媒體製作的情況中，有插畫家必須注意的地方嗎？

「跨媒體製作的插畫家，必須要有將角色設計與舞台形象列入準備資料的繪畫習慣，這樣也可以訓練自己每次畫畫前必須先回顧自己定下的規則，然後再開始畫。像是在畫系列作品的時候，也曾發生過『要畫出在畫好數年後又重新登場的角色』，這時候就要拿出當初的設計草稿，那就等同於插畫設計圖，是非常珍貴的資料，從來沒有人會忽視。這不僅是個人習慣，在跨媒體製作的時候，也一定會有類似的要求。即使插畫家只有畫角色的正面造型，像在將小說、動畫、電影、連續劇變成漫畫的時候，一定也會被問到『那人物的背面會是怎麼樣』之類的問題。請記住在跨媒體製作的時候，一定會發生很多像這類延伸出來的問題。此外，如果有提出

為了讓插畫家生涯長長久久 必須檢視自己本身的經歷才行

很多草稿的話，在變換給不同媒體的時候，除了比較容易宣示自己的權利之外，也有法律上的考量。以輕小說為例，作家會有版稅收入，但插畫家就只能獲得單張插畫的售價，我想為了生活，多增加些非勞動的收入也比較好。如果後來有推出周邊商品，裡面有使用到自己的插畫時，記得還要收取使用費喔！我很意外地發現，很少人會注意到這些事，很多人是不會說的。在和我們 Straight Edge 公司簽約的作家中，有人曾說：『處理合約或稅金這些事情會讓我的創作力生鏽。』，我非常能認同啊（笑）。對創作者來說，有一個好的創作環境是最優先的事。因此，在我創立的 Straight Edge 經紀公司裡，就有代理作家及插畫家的經紀業務，像是剛剛所提到的法律與執照相關的事情，都能提供建議。」

Q：在和 Straight Edge 公司簽約的插畫家中，也有像近幾年越來越知名的 loundraw 老師（P294）這樣的新秀。

「loundraw 老師和我第一次合作，是 2013 年由我負責的 Media Works 文庫《僕の小規模な自殺（我的小規模自殺）》。雖然他當時還是大一的學生，這可不是剛剛提到的那種『提早簽約』喔。當時他已經具備技術及獨創性，從插畫中幾乎可以看見他那種『我的畫很厲害吧』的得意揚揚的臉（笑）。我覺得創作者一定要有這樣的自我主張，正因為他有這種精神，我馬上就變成粉絲。雖說提早簽約不太好，但另一方面，像他這種早熟的插畫家也在增加。以『pixiv』插畫網站為始的插畫文化已經廣泛地流行在全世界，我認為是拜工具發達的關係。更進一步地說，插畫文化能成為流行，果然是因為包含了漫畫及動畫的流行文化，讓世界各地的粉絲對日本流傳下來的歷史文化著迷，這些都成為插畫流行的基礎，才能像『寒武紀大爆發』那樣大流行。現在作家和插畫家可以發表作品的地方也增加了，再沒有比這更好的時代了。但是，如果插畫家想靠這個維生，持續下去的話，必須要有包括收入與授權在內的遠見才行。創作要有才能也要有動機，如果因為收入以外的要素而無法持續插畫家的生涯，不只是可惜，對娛樂界整體來說也是相當不幸的。」

Q：最後，身為編輯的您對今後的插畫文化有什麼期待呢？

「最後要講的這個，雖然對我的工作來說算是威脅，但因為網路的普及而已經出現了，那就是由創作者們自己組成團體來創作插畫的獨立創作案。不論內容是二次創作還是原創，由使用者自己產生的文化，總是會讓觀看的人覺得既有趣又驚喜。今後這種情形將會更普及吧，我作為一個觀眾其實是很期待的。當然啦，我身為從業人員，也會更加努力，不要輸給他們。」

三木一馬 | MIKI kazuma

PROFILE | 藝術家經紀公司「Straight Edge Inc.」的負責人。前一個工作是 KADOKAWA 公司 ASCII MEDIA WORKS 電擊文庫編輯部主編。著有《面白ければなんでもあり　発行累計 6000 万部――とある編集の仕事目録（只要有趣就夠了！發行累計 6000 萬冊――的編輯工作目錄）》（KADOKAWA）。

URL | straightedge.jp

插畫家 キナコ × 藝術指導 有馬トモユキ 訪談

「日本當代最強插畫 2017」的封面設計歷程

『日本當代最強插畫 2017』是一本記錄日本插畫「現況」的書。
我們訪問了擔任封面插畫的キナコ老師與負責書籍裝幀設計的有馬トモユキ先生兩位，
他們將分享關於本書封面插畫的想法、主題與設計觀等，從發想到完成的秘辛。

Interview & Text : Koji Hiraizumi

Q：這次封面設計委託了 キナコ 老師繪製，首先請問我們該從哪裡看起呢？

キナコ「首先讓我們欣賞一下從 2013 年到 2016 年的封面插畫吧 (譯註：本書原名《ILLUSTRATION 2017》，自 2013 年起每年推出一本，合稱 ILLUSTRATION 系列)。封面由不同的插畫家來畫就會有不同的氛圍，所以我想試著自由地畫喜歡的女孩。我所收到的委託，也是希望將象徵 ILLUSTRATION 系列的角色『STRA』，用自己的詮釋來描繪。」

有馬トモユキ（以下稱為有馬）「ILLUSTRATION 系列書的封面插畫，從第一本到現在的基本方針，都是請接受委託的藝術家，以自己的詮釋自由地描繪『STRA』這個女孩角色。大方向的要求是必須將『主流感』、『存在感』，以及做為系列書特色的『當代插畫的多樣性』表現在角色設計上，除此之外都很自由。順帶一提，『STRA』這個名字，就是從『ILLUSTRATION』 這個單字擷取出來的。」

Q：原來如此。キナコ老師承接了這樣的要求後，提出了最初的草稿設計，這個時期的設計有兩個角色吧！請告訴我們關於這個草稿的設計概念。

キナコ「除了主要的女生外，我想說是不是也要有個男生呢？於是試著描繪了男女交纏在一起的形式。在思考要怎麼將女生和男生交纏在一起的時候，我又想到了『吸血鬼』的情境，於是最初的草稿就變成了這個樣子。」

封面插畫草稿 1st

封面插畫草稿 2nd

「用『宇宙』和『海洋』表現當代插畫的多樣性 ——キナコ」

有馬「當我看到最初的草稿的時候，也想過似乎有增加角色這個選項。承蒙從系列之初就讓我擔任設計，但是到底要不要改變，兩者之間的平衡，每次都會不斷地反覆討論。」

Q：雖然很煩惱，結果還是朝著只有一個角色的方向進行了。如果有兩個角色，反而可能會有第一眼印象變弱，視線被分散的擔憂。不過我對第一次的草稿還印象深刻，尤其是黃色背景與生動的頭髮都很吸引人，這個部分無論如何都想保留下來。

キナコ「是的。黃色背景與頭髮的表現，在決定縮減為一個角色後，比例與流暢感都變好了。但是關於如何將『當代插畫的多樣性』表現在插畫中，我還是覺得很迷惑……」

Q：這個「多樣性」的部分，這次是用什麼樣的形式來表現呢？

キナコ「我在深思熟慮後，覺得『宇宙』和『海洋』應該很適合作爲表現多樣性的主題。於是就決定用宇宙和海洋來表現角色的頭髮了。」

有馬「上面有墨魚、海豚、鯊魚，還有水母。連常見的星座也變成了魚。」

キナコ「畫海底生物很開心的（笑）。我讓牠們躲在插畫的各處，請大家試著找找看。雖然用宇宙當作繪畫主題是我從來沒有過的經驗，但出乎意料的有點難度但也很開心呢。」

Q：主角的服裝也很可愛呢！

キナコ「我覺得說到海，果然還是水手服最適合啊（笑）。鞋子也是左右不同樣式，我想在這裡也表現出多樣性。」

Q：角色的姿勢與剪影也很有老師的特色，可以說是您獨創的吧。您對姿勢與身體部位有特別講究的地方嗎？

キナコ「關於姿勢，因為我想將頭髮的流動感與雙腳都完整地呈現出來，不斷摸索要怎麼做才能讓整體表現更好，最後就變成現在這個樣子了。至於身體部位，我想我注重的也許是雙腳和胸部的描繪方式吧。」

「日本當代最強插畫 2017」的封面設計歷程

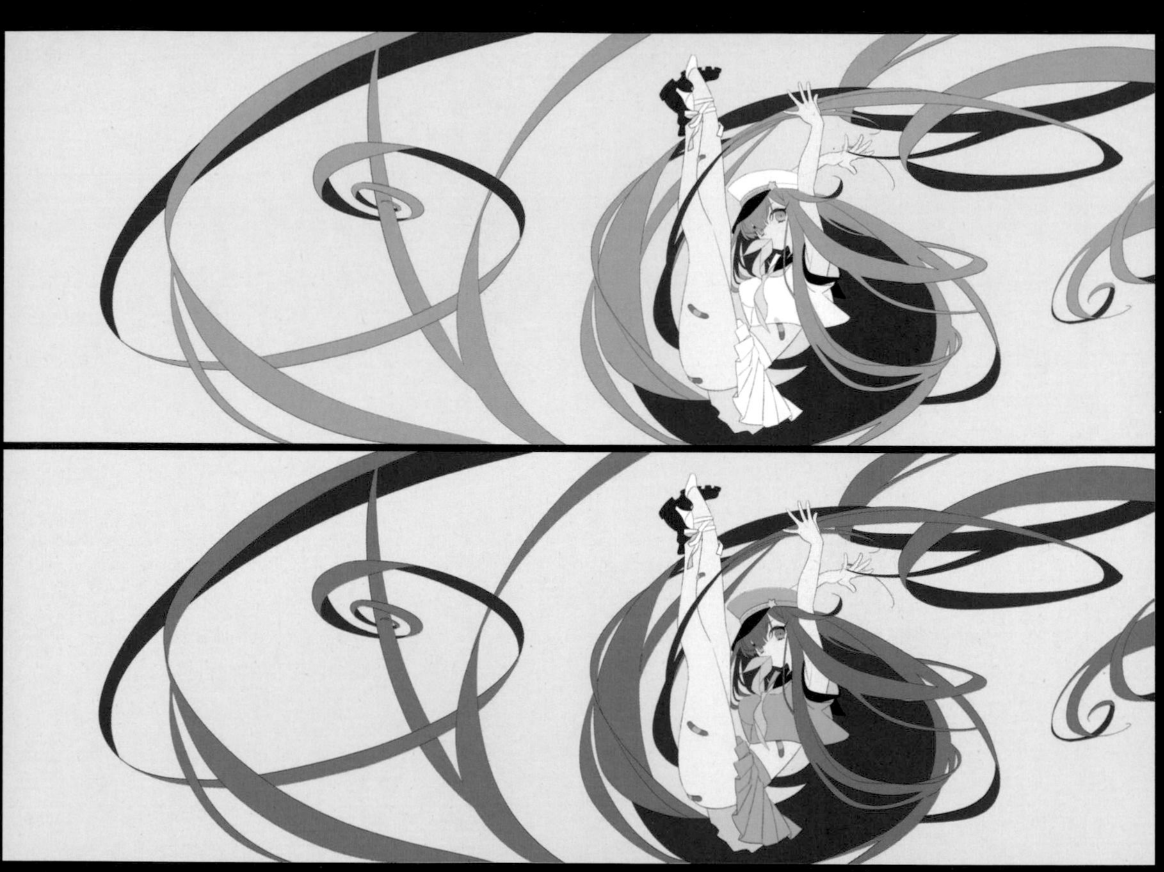

封面插畫草稿 3rd

Q：貼在身體各處的 OK 繃也成為吸引目光的重點呢。

キナコ「貼 OK 繃完全是我個人的興趣啦（笑）。因為 OK 繃很可愛啊。」

Q：關於插畫的「上色」，在帽子上的金屬部分，您使用了漸層色來表現立體感，這在您的插畫中是比較少見的。

キナコ「這個部分也是我這次想試著挑戰看看的地方呢。我覺得加上漸層的表現和細部的描繪，似乎可以給人複雜和豐富的感覺。」

Q：話說回來，在插畫完成之前，您提出了藍色頭髮和紅色頭髮兩種草稿。您自己是否有覺得哪個方案比較好呢？

キナコ「提出草稿的時候，雖然我沒有特別說什麼，但是我個人是比較喜歡藍色頭髮的。因此最後藍色能勝出，讓我覺得稍微鬆了口氣呢（笑）。」

有馬「如果讓我來選的話，我會希望是紅色的，但是考慮到キナコ老師的想法後，還好最後決定是藍色的（笑）。不過我還是把沒有選上的紅色頭髮版本用在拿掉書衣之後的封面上了，希望讀者無論如何都能看一下。」

キナコ「雖然我個人比較喜歡藍色的，但是在我試著完成紅

用「鮮豔」的主題襯托插畫 探索設計的方向 —— 有馬トモユキ

Q：身為設計師的有馬先生，在收到キナコ老師完成的封面插畫後，首先是做什麼呢？

有馬「看到キナコ老師的插畫時，我就覺得它很適合鮮艷的顏色。所以我這次要用一種更鮮艷、濃厚的螢光墨水來印，它叫做『TOKA FLASH VIVA DX』。背景的黃色是使用稱為『ジュピターイエロー（Jupiter Yellow 木星黃）』的螢光墨水，字體上的紅色則是『プルートレッド（Pluto Red 冥王星紅）』。插畫的印刷則更進一步地採用了『ブリリアントパレット（Brilliant Palette）』印刷技術，這樣能更接近畫面上以 RGB 模式顯示的鮮明色彩。我想再也沒有比它更能表現出『鮮艷』感的組合了吧。我跟編輯討論後，初步決定好這些樣式的當下，總算能大約看出整體的設計方向。」

Q：您這次採用直排設計的標題字體「ILLUSTRATION 2017」，也讓人印象深刻。

有馬「關於標題字體，討論了好幾個提案，其中也包含想藉這個機會試著改變『ILLUSTRATION 2017』的標準字。不過，考慮到標題文字應該要將插畫的魅力發揮到極限，將文字結合到人物姿勢上的效果是最好的，最後就決定設計成目前的樣子。」

Q：插畫上和字體重疊的部分變成線稿了呢！

有馬「對。插畫人物的頭髮裡面變成了宇宙，我希望這種異次元感也能表現在字體上面，所以做了這樣的處理。而且用這種處理方式也不會犧牲掉插畫的細節，能和字體並重。」

Q：原來如此，除此之外，還有其他設計層面的要點嗎？

有馬「這次連封面內側也使用了螢光色的設計，我覺得整本書都貫徹了要給人鮮豔感的印象，樣式也相當豪華。」
キナコ「我看了色樣後，覺得這個設計一方面將插畫運用得非常巧妙，另一方面也完成了可愛又帥氣的設計，令我覺得非常開心。」

Q：我覺得完成的封面設計讓人印象非常深刻，幾乎可以象徵這個時代的空氣感。

有馬「我覺得自己完成了可以吸引目光的設計，如果連放在角落都可以看得到的話，我會很開心的。」
キナコ「這次的封面插畫，承蒙大家協助，讓我參與了各式各樣的挑戰。希望能有更多的人享受到這本書的樂趣。」

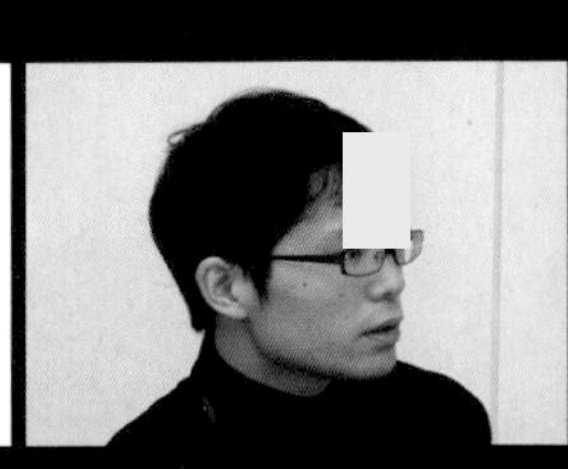

キナコ | KINAKO

PROFILE | 插畫家。主要工作有電視動畫《ガッチャマン　クラウズインサイト（新科學小飛俠 insight）》的角色草稿、網頁遊戲《刀劍亂舞-ONLINE-》角色「岩融」的設計、西尾維新的學園推理小說《美少年》系列的裝幀插畫、少女遊戲《鏡界の白雪（鏡界的白雪）》角色設計等。

URL | marubotan.jimdo.com

有馬トモユキ | ARIMA tomoyuki

日文版 STAFF

封面插畫 cover illustration	**キナコ** KINAKO	
裝幀設計 book design	**有馬トモユキ** HIRANO masahiko	
內文編排 format design	**waonica**	
版面設計 layout	**平野雅彥** HIRANO masahiko	
協力編輯 editing support	**新見直（KAI－YOU）** MIMI nao	**鬼頭勇大** KITO yudai
印程管理 progress management	**古賀あかね** KOGA akane	
企劃・監製 planning and supervision	**平泉康児** HIRAIZUMI koji	